...OMENADE INSTRUCTIVE

A TRAVERS LE

MONDE NOUVEAU

PAR

M. ÉTOURNEAU

Première livraison. — Prix : 50 centimes

ALGER
IMPRIMERIE CURSACH ET Cie, RUE DES CONSULS, 22
1878

PROMENADE INSTRUCTIVE

A TRAVERS LE

MONDE NOUVEAU

PAR

M. ÉTOURNEAU

Première livraison. — Prix : 50 centimes

ALGER
IMPRIMERIE CURSACH ET Cie, RUE DES CONSULS, 22

1878

INTRODUCTION

Il y a de longues années que je me suis donné la tâche patriotique de servir la cause de la colonisation de l'Algérie dans la mesure des moyens d'action à ma portée. Cette tâche a été d'autant plus ardue jusque dans ces derniers temps, qu'on avait pour adversaires ceux-là même qui disposaient des destinées de la colonie avec une omnipotence égalant l'obstination de leurs desseins pervers. La résistance opposée à ces desseins anti-colonisateurs par les défenseurs d'une Algérie régénérée, prospérant par le travail agricole, d'une nombreuse population européenne jouissant de la sécurité sous l'égide de la puissance nationale et de sages institutions, cette résistance, dis-je, venait toujours se briser contre le mauvais vouloir systématique qui se manifestait dans tous les agissements administratifs. Pareille chose se produira toujours de la part d'une administration exempte de contrôle sérieux et pouvant mettre impunément les intérêts de ceux qui la composent, les intérêts de ses chefs particulièrement, au-dessus de ceux du pays qu'elle gouverne à sa guise. Car, en pareil cas, les mauvais penchants de l'homme oppriment les bons ; et celui qui n'est pas assez honnête pour résister à cette perversité, finit par lui obéir comme s'il cédait à des devoirs légitimes, ne se laissant plus guider par la droiture d'une conscience souveraine dans le chemin de la vie.

Dans cette lutte inégale entre le régime militaire tout-puissant et un petit nombre de colons épars, traités en parias, la France restait indifférente, ne se donnant pas la peine de connaître la gravité de la question qui se débattait si longuement au sujet d'une si importante possession coloniale. Oui, la nation restait indifférente dans cette ardente lutte, sans se douter que l'enjeu du combat consistait dans une vaste et fertile province, s'ajoutant à la mère-patrie, pour lui donner une nouvelle source de prospérité et un accroissement considérable de prépondérance politique et commerciale dans les eaux de la Méditerranée. Si parfois, la France prenait la parole dans cette grave question, ce n'était que pour maudire une conquête qu'elle n'appréciait que par les sacrifices budgétaires qu'elle exigeait sans résultat satisfaisant, et par la durée de la guerre conquérante qui menaçait de s'éterniser. Pour mettre un terme à ce funeste et ruineux état de choses, la nation n'avait pourtant qu'à s'acquitter des devoirs de surveillance qui lui incombaient ; elle aurait su alors, que cette guerre incessante avait pour cause principale l'avancement des chefs de l'armée, et que le gaspillage des subsides était la conséquence forcée du défaut de contrôle et d'une déplorable organisation administrative, se donnant la tâche inqualifiable d'entraver l'œuvre de la colonisation par tous les moyens d'action que lui offrait son omnipotence.

La Révolution de 1848 apporta cependant une certaine amélioration à ce pernicieux régime administratif de l'Algérie. La colonie fut autorisée à se faire représenter à la Chambre des députés. Mais l'omnipotence militaire fut maintenue sans modification appréciable. On peut dire judicieusement que les circonstances, plus que l'initiative colonisatrice du gouvernement d'alors, furent sérieusement favorables à la cause de la colonisation. En effet, Paris renfermait une nombreuse population ouvrière sans travail, ce qui la rendait dangereuse par les dispositions qu'elle avait à créer des troubles alarmants pour la confiance publique, dont le nouveau gouvernement avait un impérieux besoin pour consolider son pouvoir contesté. Il fallait donc trouver un moyen d'éloigner de la capitale, dans des conditions bienfaisantes, cet élément de trouble populaire. L'Algérie fut choisie pour servir d'exutoire à ces désœuvrés turbulents, et ils lui furent donnés comme émigration agricole et colonisatrice.

Cinquante millions de francs avaient été alloués par la Chambre pour la création de centres destinés à recevoir ces émigrants citadins, aussi peu aptes que peu disposés à demander à l'agriculture des moyens d'existence. Mais il est bon de dire que, sur les cinquante millions alloués à la mise à exécution de ce grand projet colonisateur, il n'en fut pas employé la moitié à la création de ces nouveaux centres, et la précipitation qu'on avait été obligé de mettre à la poursuite de cette entreprise, pour recevoir en temps voulu ces colons improvisés, entraîna forcément du gaspillage administratif qu'il était difficile d'éviter.

Dépourvue des moindres ressources alimentaires et placée sur une terre en friche, cette émigration de circonstance ne pouvait poursuivre sa tâche qu'avec le concours direct de l'administration. Il lui fut donc donné en nature les moyens d'action indispensables pour lui permettre d'attendre les premiers fruits de son travail agricole. Mais, au lieu de s'armer courageusement de la pioche du défricheur, nos colons parisiens songèrent d'abord à se donner les récréations qu'ils avaient perdues en perdant le séjour de la capitale. Ils établirent alors des cafés chantants et autres lieux de plaisirs de société citadine pour chasser la nostalgie qui les menaçait dans la situation que les événements leur avaient imposée, et pour laquelle ils n'avaient aucune aptitude. On dansait et chantait en consommant les subsistances de l'Etat, et l'agriculture semblait n'avoir aucun droit aux occupations de ces nouveaux colons.

Mais, chose étrange, c'est de cette époque, néanmoins, que date sérieusement le progrès de la colonisation de l'Algérie ; car ces centres agricoles, si mal peuplés d'abord, passèrent peu à peu en la possession de vrais cultivateurs, et devinrent, par la suite, des villages prospères tels que nous les voyons aujourd'hui ; ce qui prouve que ce fertile et beau pays ne demande que de bonnes institutions et de bons administrateurs pour voir sa colonisation se développer dans les meilleures conditions possibles. Il est certain que, si la République de 1848 eût résisté aux attaques de la réaction et aux turbulentes sottises de l'extrême gauche de la Chambre, l'Algérie se fût forcément délivrée des étreintes stérilisantes des bureaux arabes ; et son peuplement colonisateur eût donné, en peu d'années, par son travail assidu et encouragé, la mesure de l'importance que cette conquête pouvait prendre par elle-même à son profit et au profit de la mère-patrie.

Mais la République fut égorgée par les mains de son premier magistrat, qui était tenu de la servir fidèlement en bon citoyen et en homme d'honneur, comme il l'avait juré solennellement. On ne pouvait, du reste, rien attendre de mieux de la part de l'homme de Strasbourg et de Boulogne, digne précurseur du héros de décembre et de Sedan, qui n'était à sa place que dans le chemin du parjure et des turpitudes.

A ses yeux, il ne fut jamais si grand qu'après ses sanglants exploits de décembre, exploits qu'il devait couronner plus tard par la ruine et le démembrement de la patrie.

L'avénement du césarisme en France réservait de bien mauvais jours à l'Algérie républicaine, qui avait voté négativement au plébiscite impérial, en dépit des rigoureux châtiments qui menaçaient les électeurs indociles. De colonisation, il n'en fut plus question sous ce régime oppresseur. Il n'y avait plus qu'un grand peuple en Algérie, c'était le peuple indigène ; et pour le bien prouver, on conçut le merveilleux projet d'ériger le pays en royaume arabe. Pour commencer la mise à exécution de cette ingénieuse conception, on prit une mesure qui frappait de mort la naissante colonisation ; je veux parler du fameux sénatus-consulte de 1863, par lequel on donnait presque tout le territoire de l'Algérie aux indigènes, qui n'en avaient jamais été que les usufruitiers suivant la loi du Coran et conformément à la tradition musulmane.

On poussa même la spoliation nationale dans ces odieux agissements du régime militaire, jusqu'à dépouiller le Domaine des biens en sa possession légitime et de ceux qu'il avait le droit de revendiquer en vertu même de ce sénatus-consulte spoliateur. Les Algériens protestèrent de toute leur force par les moyens légaux contre cet acte inqualifiable ; mais leurs énergiques protestations n'aboutirent qu'à les faire considérer comme des rebelles à la loi. Les dépêches adressées à ce sujet, par César, au maréchal Pélissier, alors gouverneur général de l'Algérie, confirment cette assertion. Défendre la colonisation était devenu un acte de sédition répressible, à cette époque néfaste. Aussi, à partir de la passation de ce sénatus-consulte spoliateur, jusqu'à la chute du césarisme, pas un pouce d'étendue territoriale n'a été donné à la colonisation, pas le moindre centre agricole n'a été créé. La colonie agonisait dans les étreintes omnipotentes du régime militaire ; et si le fameux projet de royaume arabe n'a pas été réalisé, il faut en savoir gré à cette puissance invincible qui émane du progrès et de la civilisation ; puissance à laquelle rien ne résiste dès qu'elle s'implante, même en germe, parmi la barbarie.

Pendant que cette longue oppression anti-colonisatrice régnait en Algérie ; pendant que les Algériens défendaient pied à pied, dans la mesure du possible, la grandeur et les intérêts sacrés de la patrie, que faisait la France ? Elle restait indifférente, la France, dans cette question nationale par excellence, où il s'agissait du développement de sa puissance et de sa prospérité. Si parfois elle prenait la parole dans les questions algériennes, ce n'était guère que pour dénigrer les colons et la colonie, qu'elle connaissait un peu moins que les Patagons et la Patagonie.

Mais ces temps d'épreuves ruineuses et flétrissantes pour ceux qui les infligeaient sciemment, devaient avoir un terme ; et ce terme arriva lorsque le césarisme attira les plus terribles désastres sur cette France avilie et affaissée dans l'abîme sanglant que l'empire s'était plu à creuser pendant ses dix-huit années de saturnales césariennes.

Nous avons dit que la colonisation n'avait donné signe d'une existence sérieuse que par le concours de la République de 1848. Nous pouvons ajouter que c'est encore au retour du régime républicain que l'Algérie est redevable du progrès constant qu'a fait le développement de la colonisation depuis 1870. Elle est enfin sortie, cette colonisation, de la phase embryonnaire, et chaque année elle affirme de plus en plus sa vitalité par un important accroissement de produits agricoles variés. L'organisation administrative demande encore, il est vrai, de grandes réformes pour répondre aux besoins de l'œuvre colonisatrice. Le régime autoritaire exagéré occupe encore une trop large place en ce pays pour que sa propérité se développe librement et dans de bonnes conditions. Car le passé administratif a implanté, ici, de si funestes traditions, qu'il faut de puissants efforts pour en faire disparaître les traces. Les Algériens ne doivent donc jamais perdre de vue les réformes qui s'imposent dans l'intérêt public ; mais ils doivent tenir compte, en même temps, des difficultés inhérentes à la poursuite de cette œuvre nationale ; cette manière d'agir est la meilleure, étant la plus sage, pour arriver à renverser les obstacles qui obstruent encore la voie à suivre pour atteindre le but désiré.

Il y aura bientôt un demi-siècle que le drapeau de la France flotte en souverain sur cette terre africaine. Dans ce laps de temps, que de grandes choses on aurait pu accomplir, si un noble et intelligent patriotisme avait présidé à l'œuvre de la conquête ! Que de grandes choses n'aurait-on pas accomplies, en effet, avec les puissants moyens d'action qu'on a gaspillés à plaisir ? Mais ne songeons à ces méfaits que pour en éviter le retour pernicieux. Attachons-nous tous, nous, Algériens éprouvés, sinon à rattraper le temps perdu, ce qui ne se peut, mais à utiliser du moins l'avenir le mieux possible. Ne perdons jamais de vue l'œuvre de la colonisation, et consacrons-lui tous les efforts dont elle a besoin pour se développer dans de bonnes conditions. Faisons sérieusement preuve d'initiative autant que nous le permettent les institutions qui nous régissent ; nous le pouvons dans une certaine mesure, aujourd'hui, sans nous exposer à passer pour des rebelles. Le retour de la République nous ayant retirés du rôle de parias que nous infligeait le régime du royaume arabe, nous devons lui en témoigner notre gratitude par un sage patriotisme consacré à la grandeur et à la prospérité de la France, dans la poursuite de la mission qu'elle s'est donnée au nom de la civilisation en ce pays de barbarie. Encourageons les efforts incessants des colons par des témoignages en harmonie avec la solidarité qu'un peuple libre et digne de l'être ne peut se dispenser de pratiquer sans méconnaître les premiers principes de son indépendance et de sa puissance collective d'où émane sa grandeur et sa gloire.

Nous sommes tous tenus de concourir à ces encouragements colonisateurs dans une mesure quelconque ; et c'est en vertu de ces principes de solidarité patriotique que j'ai conçu le projet de publier, en faveur de l'œuvre de la colonisation, l'ouvrage qui fait l'objet de cette introduction. En agissant ainsi, je me sens autorisé à placer cette publication de circonstance sous le patronage de mes concitoyens, puisque son produit est destiné à former des primes d'encouragement au profit des colons qui en seront reconnus les plus dignes par les bons exemples qu'ils auront donnés dans la poursuite de leur tâche colonisatrice ; et pour que ces encouragements soient accordés judicieusement, les bénéficiaires seront désignés, dans chaque province, par les Comices agricoles ou les Sociétés d'agriculture qui s'y trouveront établis. Je veux pousser l'équité plus loin dans cette répartition; j'entends encore que chaque province reçoive le produit de la vente de l'ouvrage qu'on y réalisera. Car il y aurait injustice à faire une égale répartition entre les trois provinces, si le patronage de la vente de l'ouvrage n'est pas le même dans chacune d'elles. J'ai pris des mesures en conséquence pour que les choses se passent ainsi.

Pour ce qui regarde le mérite de l'ouvrage, il ne m'appartient pas d'en parler; car un père est rarement bon juge du mérite de ses enfants; la partialité paternelle déroute presque toujours la lucidité du jugement. Ce que je me crois autorisé à dire, à cet égard, c'est d'assurer que le sujet du livre est en harmonie avec le but de sa publication colonisatrice; puisque dans cette longue *Promenade à travers le Monde nouveau*, je m'attache souvent à démontrer les aptitudes diverses que chaque nation de l'Europe a déployées pour s'y implanter en conquérante prépondérante. En me lisant, on pourra se faire une idée de la place importante que la France a occupée souverainement dans les immenses et primitives solitudes de ce nouveau continent, place qu'elle a perdue prématurément par la coupable incurie de son gouvernement et la défectuosité de son système colonisateur. A mon sens, un tel sujet est plein d'intérêt pour des Algériens, qui ont si longtemps lutté et qui luttent encore contre la défectuosité du système administratif que notre nation s'obstine à maintenir dans ses possessions coloniales, sans tenir compte de l'expérience si chèrement acquise, ni des résultats déplorables qui en sont encore la conséquence forcée. En un mot, j'ai fait mon possible, en écrivant ce livre, pour justifier son titre et exprimer les pensées qu'il m'inspirait; c'est-à-dire pour le rendre instructif et intéressant à mes lecteurs.

Si le mérite de l'écrivain laisse par trop à désirer, il croit du moins avoir des droits à l'indulgence, en considération du but qu'il veut atteindre. Ce but devrait suffire, en effet, pour attirer à l'œuvre le patronage de la France et de l'Algérie; mais si ce patronage lui fait défaut, la France et l'Algérie se donneront le tort plus que regrettable de refuser leurs concours à une tâche laborieuse qui se recommande par une bonne action, puisqu'elle a pour principal objet l'œuvre de la colonisation, qui est l'œuvre nationale par excellence.

Je termine cette introduction par un appel chaleureux à l'adresse de la presse algérienne et métropolitaine, ainsi qu'à l'adresse de tous les amis d'une Algérie bien administrée à l'aide de sages institutions, qu'elle attend encore dans une grande mesure pour cheminer d'un pas ferme dans la voie de la prospérité et du progrès. Si je doutais de l'accueil qui sera fait à cet appel, je croirais faire injure au patriotisme et aux bonnes dispositions colonisatrices de la nation à laquelle je m'adresse. Je compte donc sur son bienfaisant concours pour offrir à nos courageux colons des primes d'encouragement dignes de leurs efforts, provenant de la vente de ce livre, dont la publication se fera par livraisons paraissant régulièrement jusqu'à la fin de l'ouvrage, et au prix indiqué sur la couverture de chaque livraison.

Alger, le 17 janvier 1878.

ÉTOURNEAU.

PROMENADE INSTRUCTIVE

A TRAVERS LE

MONDE NOUVEAU

I

DÉPART VERS LES RÉGIONS POLAIRES

Les voyages sont, à juste titre, considérés comme une excellente et utile perfection de l'éducation d'une personne qui sait bien voir et bien observer ; car ils affaiblissent les préjugés, s'ils ne les détruisent complétement, et multiplient les connaissances de l'esprit en les fortifiant. Mais les voyages ne sont pas à la portée de toutes les bourses, à cause des frais considérables qu'ils imposent, même aux plus modestes voyageurs. Si tout le monde presque éprouve le désir de visiter les pays étrangers, très-peu de gens en ont le loisir et les moyens pécuniaires. Pour obvier, autant que possible, à cet inconvénient, en faveur des personnes sédentaires, je viens leur proposer de vouloir bien m'accompagner dans une promenade qu'aucun d'eux, peut-être, n'a jamais faite et ne ferait peut-être jamais, si mon invitation était dédaignée.

Dans notre siècle de progrès, les rapports internationaux se sont multipliés en raison de la facilité et de la rapidité avec lesquelles on les accomplit. La vapeur a diminué les plus grandes distances de manière à rendre voisins les peuples les plus éloignés les uns des autres. Les prix de transport se trouvent maintenant réduits dans une bonne mesure par suite de la concurrence et de la célérité qu'on obtient de l'infatigable puissance motrice dont on fait usage. Mais si tous ces avantages sont aussi incontestables que dignes d'éloges, il n'est pas moins vrai que tout le monde n'en peut profiter. Je me trompe dans cette dernière partie de mon assertion, puisqu'il suffit de prendre des livres de voyage consciencieusement écrits pour visiter le globe entier sans quitter son domicile, ni abandonner ses occupations ordinaires.

Si je me conformais aux exigences du *savoir-faire* de notre époque, je terminerais ce préambule par un programme éblouissant de merveilleuses promesses qui ne seraient jamais remplies, mais qui aurait du moins la chance de provoquer la curiosité et la faveur du public. J'aime mieux exposer mon travail littéraire à être privé de quelques lecteurs trop crédules que d'en perdre un seul pour avoir fait usage de promesses mensongères. C'est à l'œuvre que le mérite de l'ouvrier doit se juger, et c'est ainsi que je demande à être traité par mes lecteurs. La seule chose que je puisse leur promettre en cette circonstance, c'est de faire mon possible pour les instruire en les récréant. Ceux qui sont familiers avec la géographie universelle reconnaîtront le chemin que je suivrai dans ma longue pérégrination, et ceux qui manquent de connaissances dans cette branche importante de l'éducation, en acquerront, à l'aide des moments de loisir qu'ils m'accorderont.

Je cesse donc de préluder pour me mettre en route.

D'un seul bond, je me rends de Paris au Havre. C'est le port de mer le plus important et le plus florissant que possède la France sur la Manche, qui forme une des nombreuses veines isolées de l'océan Atlantique. Pour le moment, je m'abstiendrai de donner des détails sur cette ville maritime et le développement qu'ont prises ses transactions commerciales depuis cinquante ans. Nous allons simplement nous y embarquer, sans délai, à bord d'un bon steamer qui luttera victorieusement contre les obstacles que les éléments nous susciteront dans notre longue promenade.

Les personnes qui n'ont jamais vu la mer ne peuvent se faire une idée de l'aspect majestueux qu'offre une nappe d'eau sans limite pour les yeux qui planent au-dessus et la parcourent dans toutes les directions. Mais il ne suffit pas de se rendre sur les plages de l'empire du vieux Neptune pour pouvoir le connaître. La mer a son caractère propre et toujours soumis à la puissance du vent. Le séjour de la mer rend l'homme passible de trois éléments terribles : l'eau, le feu et l'air ; et fort souvent ces trois éléments réunissent leurs fureurs pour composer une tempête, à la rage de laquelle on ne peut opposer qu'une docilité intelligente pour échapper à sa destruction. Il fallait que l'homme eût bien conscience de la supériorité individuelle et collective que Dieu lui avait donnée sur le reste de la création pour oser braver les dangers de la mer et lutter avec succès contre une puissance si redoutable. Il serait aussi curieux qu'instructif de connaître les premières notions de la navigation primitive ; elles ont probablement été suggérées d'abord par la curiosité, puis ensuite par le besoin d'établir des moyens de communication entre divers points de la terre séparés par les mers.

Quelle vive émotion les premiers hommes doivent avoir ressentie après être sortis de leurs contrées natales et avoir parcouru d'immenses distances couvertes de forêts séculaires et presque impénétrables; quelle vive émotion, dis-je, ils doivent avoir ressentie en voyant leur marche entravée par une plaine liquide paraissant se joindre au ciel et se mêler aux nuages ! Il se pourrait qu'en apercevant les oiseaux aquatiques se reposer sur des troncs d'arbres flottants au gré des vagues, l'idée d'user d'un semblable moyen de navigation leur fût venue. De gros troncs d'arbres, sans doute, ont été transformés grossièrement, à cette époque reculée, en canots, puisque la science nautique en est encore là aujourd'hui chez les sauvages du nouveau monde ; ce fait donne lieu de croire que c'est ainsi que les nations primitives ont toutes commencé à cultiver l'art de la navigation. Cet art, si utile et si compliqué, s'est peu à peu perfectionné à l'aide de l'expérience et de la nécessité de mieux faire imposées par l'essor de la civilisation. Sans la navigation, les peuples seraient condamnés à rester isolés et réduits à la misère, faute de pouvoir échanger entre eux les inépuisables richesses que la terre, dans son ensemble, offre à la grande famille humaine. C'est grâce à l'art nautique que les régions désertes et fertiles se peuplent, et que les nations surchargées d'habitants rétablissent chez elles l'équilibre entre les ressources du pays et les besoins de la population. La masse du peuple ignore complètement l'heureuse et immense influence que la navigation maritime exerce sur la prospérité publique et la prépondérance des nations civilisées. Si, dès demain, l'on supprimait la science nautique, la civilisation céderait bientôt la place à la barbarie des temps les plus obscurs où les hommes vivaient pêle-mêle au sein d'épaisses forêts comme des troupeaux de bêtes.

Personne n'a porté si loin la perfection dans l'art de la construction navale que les Américains. Du reste, les soins que ce jeune peuple a pris pour se donner une nombreuse et magnifique marine marchande, sont bien récompensés par les avantages considérables qu'il obtient de plus en plus chaque jour de la navigation. Entre le tronc d'arbre transformé en canot par l'homme primitif et les palais flottants qui navigent maintenant entre l'Europe et les États-Unis, il y a la même différence qu'on trouve entre le palais de Versailles et la hutte d'un sauvage. Mais les navires de commerce sont bien plus utiles au bonheur de l'humanité que les fastueux édifices des villes ; on ne se fait pas l'idée des immenses ressources que les peuples retirent de la navigation.

Les Anglais, qui passent pour les premiers navigateurs du monde, sont déjà distancés par la marine commerciale des Américains. Parmi les navires à vapeur qui font le service entre New-York et le Havre, il s'en trouve qui peuvent prendre cinq ou six cents passagers de premiere et de seconde classe. Les plus vastes maisons de Paris auraient peine à contenir tout ce qu'on peut mettre dans les flancs de ces magnifiques steamers, qui franchissent les douze cents lieues qui séparent le Havre et New-York en huit ou dix jours dans la saison d'été. Mais ce n'est pas à bord de ces gigantesques et splendides monuments nautiques qu'il faut prendre passage, si l'on veut se rendre témoin des fatigues et des dangers extrêmes que le métier de matelot impose à ceux qui l'exercent ; c'est à bord des bâtiments à voiles, dont la rapidité de la marche est subordonnée à la direction du vent qui la favorise. C'est là que le marin lutte d'adresse, de courage et de patience contre la fureur des flots, chassés par la fureur des vents ; c'est là, enfin, qu'il révèle la résistance que la science, l'expérience et l'intelligence peuvent opposer à la puissance incalculable de la force brutale des éléments coalisés. Les parages maritimes qu'on traverse pour se rendre de l'Europe dans l'Amérique du nord, offrent de fréquentes tempêtes ; et comme les vents d'ouest y règnent les deux tiers de l'année, il s'ensuit que les traversées de retour en Europe sont non-seulement plus courtes, mais encore moins fatigantes que celles d'aller vers cette partie du nouveau monde. Le mal de mer est une de ces maladies qu'on ne prend pas plus au sérieux que le mal de dents ; mais si je m'en rapporte aux plaintes que j'ai entendu pousser par des personnes atteintes de ces deux afflictions physiques, je puis les classer au nombre des maux qui causent de grandes souffrances à l'humanité. Il est des gens qui sont invulnérables aux chocs les plus violents des vagues pour ce qui concerne la santé, et je ne crois pas fausser la vérité en affirmant ici, que c'est une affreuse indisposition, qui, en quelques heures, prive de force et de courage moral les gens qui en sont frappés. Les grands steamers dont je viens de parler permettent aux passagers de première classe de se faire donner tous les soins possibles pour rendre moins cruelle cette étrange maladie.

Les voyageurs de cette catégorie n'ont rien à désirer à bord de ces magnifiques bâtiments, au point de vue du service de la domesticité et de l'installation intérieure. Pour pouvoir bien se rendre compte des souffrances que le mal de mer inflige aux personnes qui en sont passibles, il faut aller parmi les humbles émigrants qu'on entasse dans les sombres entreponts des navires à voiles partant des principaux ports de l'Europe pour l'Amérique ou l'Australie. C'est là que les ondulations de l'empire de Neptune se font ressentir avec une vigueur que les malades ne peuvent adoucir que faiblement. Mais une fois que la santé a payé ce tribut à la plaine liquide, l'émigrant se nourrit du bonheur qu'il pense trouver dans sa patrie adoptive. Si ces douces espérances sont trompées, il s'en console par l'affection qu'il conserve à son pays natal, dont le souvenir ne s'efface jamais d'un cœur bien placé.

Mais pendant que je m'abandonne à cette digression, notre coursier aquatique se dirige vers le Nord pour toucher à diverses îles qui servent de jalons entre l'Europe et l'Amérique. Commençons donc par visiter l'Islande rapidement comme l'exige une simple promenade, qui a pour objet principal de mettre sous les yeux du lecteur des renseignements instructifs et récréatifs à la fois.

L'Islande est la plus grande des îles des mers arctiques ; elle est située entre le Groënland et l'Europe dans une région glaciale. Un historien a défini ce pays extraordinaire, en le donnant comme une vaste montagne parsemée de cavités profondes, cachant dans son sein des amas de minéraux, des matières vitrifiées et bitumineuses, et s'élevant de tous côtés de la mer qui la baigne en forme d'un cône court et écrasé. La surface de cette île ne présente à l'œil que des sommets de montagnes blanchies par des neiges et des glaces éternelles ; et les parties basses n'offrent que l'image de la confusion et du bouleversement. C'est une masse énorme de pierres et de rochers brisés, aigus, quelquefois poreux et à demi-calcinés, souvent effrayants par la noirceur et les traces du feu qui y sont encore empreintes. Les fentes et les creux de ces rochers ne sont remplis que d'un sable rouge, noir et blanc ; mais dans les vallées qui séparent les montagnes, on trouve des plaines vastes et agréables, où la nature, qui n'oublie guère de mêler des adoucissements à ses rigueurs, laisse un asile supportable à des hommes qui n'en connaissent pas d'autres, et au bétail une nourriture abondante et délicate.

Arngrim Jonas, auteur Islandais, est le seul qui ait donné quelques renseignements sur la découverte de l'Islande. Il nous apprend qu'un certain Maddoc, allant aux îles Ferœ, fut jeté par une tempête sur cette terre inconnue, sur la côte orientale ; et il la nomma Inœland, à cause des hautes neiges qu'il y trouva ; mais ce navigateur ne s'y arrêta pas. Gardar, Suédois, ayant entendu parler de cette île, partit pour la chercher ; l'ayant trouvée, il y passa l'hiver de 864, et lui donna son nom.

Un pirate de Norwége, nommé Flocco, voulut aussi connaître ce pays. On lui attribue un moyen ingénieux dont il fit usage pour se diriger dans sa marche, au défaut de boussole et de compas qui étaient alors inconnus. Ne découvrant pas l'île qu'il cherchait en parcourant celles des mers septentrionales, il prit des corbeaux en partant de Hetland, l'une des Orcades, et en lâcha un lorsqu'il se crut bien éloigné en mer.

Il reconnut qu'il était moins loin de la terre qu'il ne le pensait, puisque le corbeau reprit la route de Hetland. Il poursuivit donc son chemin au large, et lâcha un second corbeau, qui revint dans le navire après avoir tourné dans toutes les directions sans voir la terre. Le navigateur avança encore vers l'inconnu et lâcha un troisième messager, qui ne revint pas ; il se rendit en Islande et l'indiqua ainsi au pirate. En effet, Flocco s'avança dans la direction du vol de l'oiseau et arriva à la partie orientale de Gardars-Holm, où il hiverna. Se voyant assiégé par les glaces qui venaient du Groënland, il lui donna le nom d'Island, qu'elle a toujours conservé. Ce nom était bien choisi, car il signifie *terre de glace* dans les langues du Nord. Après avoir séjourné à l'est et au sud de cette île, Flocco revint en Norwége. On ne dit point si ces explorateurs ont trouvé des habitants sur cette terre inconnue. Les annales donnent comme source des peuples de cette île, un certain Ingulfe, Norwégien, qui s'y retira avec son beau-frère, Hior-Leifs, pour avoir tué deux grands seigneurs de leur pays. Comme c'était une coutume que les hommes de Norwége arrachassent les portes de leurs maisons et les emportassent avec eux, Ingulfe qui avait pris les siennes, les jeta dans la mer dès qu'il aperçut l'Island, en se proposant d'aborder au hasard où les flots les pousseraient. Il prit terre, cependant, à un autre endroit, et ne trouva ses portes que trois ans après; ce qui l'engagea à résider où elles s'étaient arrêtées. On fixe à l'an 874, l'époque du séjour d'Ingulfe en Islande. On prétend qu'il trouva cette île inculte et déserte ; mais qu'il reconnut que des marins anglais ou irlandais l'avaient visitée déjà ; certaines croix et quelques ouvrages faits à la mode anglaise et irlandaises, autorisaient cette supposition. Les preuves manquent pour donner des renseignements dignes de foi sur ce qu'était l'Islande à cette époque reculée. On rapporte que les anciens Islandais appelaient ces Irlandais Papas, et la partie occidentale de cette île, Papey, parce que les étrangers avaient coutume d'y aborder comme à la plus commode et à la plus proche terre de cette région polaire. Il est probable que les deux années que Flocco passa en Islande, le mirent à même d'y trouver les habitants primitifs ; mais leur origine se perdait dans la nuit des temps, ce qui donne lieu de croire que la source de ce peuple se confond avec celle des Celtes, desquelles ils faisaient probablement partie, selon les apparences.

D'après les annales de ce peuple, il adorait entre autres dieux, Thor et Odin. Le premier était comme Jupiter, et le second comme Mercure. C'est de là que le jeudi porte encore parmi les Islandais modernes, comme chez les peuples Scandinaves, le nom de torsdag, et le mercredi celui d'odensdag : ce qui répond au *dies jovis* et *dies mercurii* des Latins. Les autels consacrés à ces divinités, étaient revêtus de fer ; un feu perpétuel brûlait, et un vase d'airain y était placé pour recevoir le sang des victimes humaines qui servait à arroser les assistants.

Les Islandais ont une mythologie très-ancienne, dont la collection se nomme Edda. La langue et les caractères runiques apportés par Odin, en Scandinavie, sont la source de celle qui se parle encore à présent en Islande. L'évangile y fut annoncé en 885; il n'y fut pas d'abord accepté par toute la population. Le paganisme ne disparut complètement de ce pays que vers l'an 1000 de l'ère chrétienne.

Au milieu du seizième siècle, Frédéric, roi de Danemarck, ayant établi le luthéranisme dans ses États, voulut l'introduire aussi en Islande; mais cette réforme religieuse ne put s'y effectuer sans une lutte sanglante et de longs troubles. Depuis cet événement, la religion luthérienne est la seule professée dans l'île.

Le climat de l'Islande est à peu près celui de la Suède et du Danemarck. Le sol présente une grande variété; mais les habitants n'ont guère d'autres occupations que celle de soigner des prairies, de les fumer et d'y recueillir le fourrage qu'elles produisent. Les Islandais sont d'une stature médiocre, mais bien faits et ressemblant assez aux Norwégiens par les traits du visage. Les femmes ne sont pas si bien favorisées de la nature que les hommes. Le peuple s'habille dans le genre de nos matelots. Le drap est l'étoffe en usage pour les femmes; elles en font leurs robes, leurs tabliers et leurs camisoles. Leurs coiffures ressemblent un peu à celles des Cauchoises. Les riches Islandais et les personnes faisant partie des employés du gouvernement, s'habillent comme en Danemarck. Tout est simple en ce pays. Le luxe ne peut guère prendre racine dans une île dont les productions sont d'une aussi modique valeur. Les plus grands centres de population ne forment que des villages ou des hameaux.

Cette île a donné des hommes remarquables; on cite en première ligne, les Snorro, Sturleson, Sæmond, Thornodus Thorlacius, Arngrim Jonas et plusieurs écrivains assez célèbres. Il s'y trouve de bons ouvriers en diverses professions. Cela est d'autant plus surprenant que ces artisans manquent de stimulants et ne doivent leur talent professionnel qu'à leur intelligence et à leur goût naturel.

Leurs divertissements sont en harmonie avec la vie simple qu'ils mènent. L'hiver rigoureux de cette île impose de longs mois de loisir aux habitants. Ils se réunissent souvent en famille, et leurs récréations consistent à converser, à chanter d'anciennes chansons guerrières et à jouer aux échecs. Ils cultivent la poésie et l'histoire. Ils ont des sociétés littéraires, des bibliothèques publiques, et tout le monde sait lire et écrire; chose qui ne se voit pas chez les peuples qui se vantent d'être les premiers dans la voie du progrès. Les Islandais sont d'une propreté douteuse, pour ne pas dire plus.

Les enfants ne sont jamais nombreux dans les familles. Ce peuple est peu laborieux, mais il pratique la bienveillance et la probité. Il est affligé de maladies graves, telles que le scorbut, la jaunisse, la petite vérole, la goutte aux mains. La danse n'est pas en faveur dans ce pays. Cet amusement est pourtant bien recherché par les peuples du Nord de l'Europe ; les mœurs de l'Islande diffèrent donc de celles des septentrionaux sur ce point.

Après le poisson frais ou sec, cuit à l'eau de mer, et accommodé à force de beurre, la principale nourriture de ces insulaires est le lait de vache ou de brebis. Ils font aussi usage du gruau ou de farine de froment cuite dans du lait. La soupe faite avec de la viande fraîche et du gruau, est encore un de leurs mets favoris. Les viandes cuites à l'eau sont préférées par eux aux viandes rôties. Le lait de beurre forme leur boisson ordinaire, mais ils lui font subir une préparation qui en modifie le goût naturel ; ainsi préparée, cette boisson se nomme syre. Comme l'Islande ne produit pas de céréales, le pain y est un aliment de luxe ; les basses classes n'en font usage que les jours de fêtes solennelles, ou dans les repas de noces. Dans ces régions glaciales, le règne végétal se fait remarquer par une défectuosité qui ajoute encore à la tristesse que le pays offre dans son aspect. Des bouleaux et des saules rabougris sont à peu près les seuls arbres qui se montrent sur cette terre déshéritée de la nature. Cependant, en fouillant dans le sol, on trouve des souches pourries qui indiquent d'une manière certaine qu'à une époque reculée, il existait des bois plus hauts et plus forts que ceux qu'on y voit aujourd'hui.

Il n'y a point de bêtes fauves dans cette île ; en fait d'animaux sauvages, on n'y trouve que des renards. Il y vient du Groënland, sur de gros glaçons, quelques ours ; mais les habitants ont grand soin d'empêcher ces quadrupèdes de s'implanter dans le pays. Les chevaux, les bœufs, les vaches, les moutons et les chèvres, forment le contingent des animaux domestiques de l'Islande. Les chevaux sont petits, courts et ramassés, mais très-vigoureux ; ils y sont si communs que les pâtres gardent leurs troupeaux à cheval. Quant à ceux dont on n'a pas besoin, on les conduit, après les avoir marqués, dans les montagnes, où ils deviennent plus fiers et plus beaux généralement que ceux qui sont élevés à l'écurie. Dans les parties de l'île où les pâturages sont trop insuffisants, on alimente les vaches avec du poisson qu'on réduit en bouillie dans de l'eau qu'on laisse sur le feu le temps voulu par cette préparation.

Le gibier aquatique est très-abondant dans ce pays stérile. Les bécasses, les canards, les oies, les cygnes, les plongeons, les sarcelles, sont une source féconde de bien-être pour les Islandais ; car non-seulement ces volatiles sont délicats à manger, mais leurs œufs innombrables offrent encore une excellente nourriture ; d'un autre côté, la plume et le duvet de ces aquatiques donnent lieu à un commerce considérable en ce genre. La plus estimée de ces diverses espèces de volatiles est le canard à duvet, appelé eider ; il a l'estomac garni de ce duvet soyeux et léger nommé eiderdun, d'où vient notre nom d'édredon par corruption de langage. La première qualité de ce duvet recherché est celui que l'oiseau s'arrache pour faire son nid. On lui prend son nid et les œufs qu'il contient, et le volatile s'arrache de nouveau son duvet pour refaire un nouveau nid, qu'on lui reprend comme le premier, sans tenir aucun compte des lois naturelles de la procréation. L'oiseau n'en persiste pas moins dans son œuvre ; il fait un troisième nid, mais comme la femelle s'est dépouillée de ses plumes pour garnir les nids précédents, c'est le mâle qui se plume à son tour. Ce duvet est le plus précieux et le plus recherché, conséquemment. La femelle fait encore une troisième ponte ; mais si ses œufs lui sont encore enlevés, elle abandonne ce lieu de persécution pour jamais. On sait que la chasse, telle que la font ceux qui prennent ces aquatiques et leurs nids, est assez périlleuse. Ces dénicheurs se promènent autour d'immenses rochers, suspendus par des cordes pour s'emparer des pontes qui s'y trouvent déposées dans des cavités plus ou moins inaccessibles.

Sous le rapport minéral, ce pays passe pour avoir des mines de métaux précieux. On y a souvent trouvé des fragments d'argent dans les montagnes, mais sans pouvoir en connaître la source. Parmi les cristaux qu'on y trouve, il en est d'une espèce rare connue sous le nom de spath, qui a la propriété de représenter double tous les objets qu'on regarde au travers. Il n'est pas douteux qu'un sol aussi tourmenté récèle des matières précieuses. Des feux volcaniques se montrent sur plusieurs points et s'élancent impétueusement au-dessus d'épaisses couches de glace. On cite douze volcans dans cette île, dont l'extrême longueur mesure environ deux cent soixante-quinze lieues, de l'est à l'ouest et la largeur est de cent lieues du nord au sud. L'Hékla, la Krubla, le Raftinnufial et la Skapta, sont les plus remarquables du pays. En 1783, des volcans nouveaux parurent en produisant des phénomènes terribles.

Une rivière fut remplie de lave et de pierres ; un district fertile fut transformé en désert stérile ; des exhalaisons sulfureuses et des nuages de cendre se répandirent dans toute l'île, et il s'ensuivit une épidémie destructive. Une île volcanique s'éleva en mer à l'approche de cette éruption, et disparut presque en même temps sans laisser de trace.

Des sources d'eau chaude s'y trouvent en grand nombre, dont plusieurs forment des jets qui surgissent à une grande hauteur. Celle qu'on désigne sous le nom de Geyser, est située au centre d'une plaine et entourée de quarante petites sources. Le jet d'eau qu'elle lance s'élève à près de cent pieds. Ces sources thermales ont servi de fonts baptismaux aux peuples primitifs de cet étrange pays, quand le christianisme y fut établi. Les plus chaudes de ces sources sont utilisées par les habitants à faire cuire leur nourriture. On assure que les vaches qui boivent de ce chaud liquide donnent du lait avec une abondance exceptionnelle. Il est certain, du moins, que parmi les objets d'exportation de cette île, le beurre y figure pour une bonne part. On cite des fossiles d'une nature curieuse. Il y a des substances qui brûlent avec des jets de flammes, et une espèce de bois minéral plus lourd que le charbon de terre, se consumant comme ce combustible, sans jamais s'enflammer.

L'air étant rempli de molécules de glace, il en résulte souvent un aspect double du soleil et de la lune. Les aurores boréales s'y montrent avec des couleurs d'une variété magique. Le mirage enfante partout des mers fantastiques et des plages imaginaires. Le climat y serait assez tempéré pour permettre la culture du blé, si ce n'étaient des glaces flottantes qui s'agglomèrent entre les promontoires du nord et du sud. Les froids y sont excessifs ; la végétation est souvent détruite ; et ce malheur amène des famines horribles parmi les habitants. Ces calamités font un obstacle invincible à l'accroissement de la population. La courte saison de l'été y donne des jours de chaleur tropicale, ainsi que cela existe dans les pays septentrionaux qui ne sont pas trop près des pôles.

Les géographes donnent généralement cette île à l'Europe, mais étant plus près du Nouveau-Monde que de l'ancien, le continent américain nous semble en droit de la revendiquer.

Pour connaître toute la délicatesse du poisson de mer, il faut aller le savourer dans ces froides régions. L'Islande possède, sous ce rapport, des avantages qui ne sont surpassés par aucun pays. Le poisson, dans les parages de cette île, est d'une abondance inépuisable et d'une qualité exquise. Si vous voulez savoir ce que valent les turbots, les soles, les morues, les harengs, les merlans, il vous faut aller les manger en Islande. Les golfes et les baies de cette île sont prodigieusement peuplés de poissons. On suppose que les pôles ont le privilége précieux d'être le refuge favori d'une grande variété de poissons, et l'entrepôt de toutes ces espèces voyageuses que l'Europe attend comme la manne céleste annuellement. La multiplication excessive de ces poissons dans les mers polaires, les force à sortir des eaux natales et à se répandre sur les côtes septentrionales de l'Europe. C'est là que les pêcheurs vont tendre leurs filets ou jeter leurs hameçons à cette innombrable émigration aquatique.

Sortant des glaces du nord, les bancs de harengs sont aussitôt attaqués par tous les poissons destructeurs que la faim pousse à la rencontre de leurs proies, qu'ils chassent continuellement devant eux des mers polaires dans l'océan Atlantique. Cette chasse meurtrière pour les harengs les effraye et les exténue ; ils cherchent des refuges sur les côtes, dans les golfes, les bas-fonds et même aux embouchures des fleuves, tant pour y trouver un asile protecteur que pour y accomplir les actes de la reproduction. Mais dès qu'ils ont déposé leurs frais, ils reprennent leur marche sous l'impulsion du destin qui les pousse. Leur progéniture fera de même dès qu'elle aura puisé une force suffisante pour obéir à son instinct.

Il ne serait pas sans intérêt d'entrer ici dans les contours de l'itinéraire que suivent les bancs de harengs qui sortent chaque année, à des époques fixes, des mers polaires. Mais notre promenade est longue et surabondamment pourvue de sujets intéressants ; nous devons négliger les choses secondaires pour nous occuper de celles qui répondent le mieux au but que nous nous sommes proposé : instruire et récréer le lecteur sans lui fatiguer l'esprit par des détails minutieux.

Nous allons nous éloigner de l'Islande en nous dirigeant vers le Groënland, grande île appartenant au Danemarck et qui fut longtemps considérée comme faisant partie du continent américain après la découverte du Nouveau-Monde. Les efforts périlleux et persévérants dont ces vastes et tristes pays ont été l'objet de la part des plus célèbres explorateurs, offrent un si grand intérêt que nous ne devons pas omettre d'en parler sommairement.

II

LE GROENLAND

Ce pays, dont les limites septentrionales sont peu connues, est situé entre 22° 78' de longitude occidentale, et le fameux cap Farewell forme son extrémité australe, par 59° 50' de longitude boréale. Il est borné par la baie de Baffin, le détroit de Davis, l'océan Atlantique et l'océan Glacial arctique. On est assuré aujourd'hui que le Groënland est détaché du continent de l'Amérique.

Cette région désolée sert de séjour à un hiver éternel, qui ne souffre pas la concurrence des autres saisons. Cette rigoureuse température exerce une si funeste influence sur la population, qu'elle finira par disparaître de ce triste point du globe. Sa côte occidentale, la mieux connue et la plus fréquentée, est hérissée de rochers inaccessibles, d'affreux précipices et d'énormes glaciers que l'on aperçoit en mer à plus de quarante lieues de distance. La terre ne se compose guère que d'une couche de roc dénudé, se dérobant constamment sous la neige et la glace, qui s'accumulent d'année en année en si grande quantité, qu'il en est résulté un nivellement entre des vallons et des collines très-élevées dont le sol est semé. Si parfois les rochers se dégagent de la neige, ils n'offrent, à distance, que l'aspect de masses noires et lugubres, sans présenter trace de végétation ni même de terre végétale. Vus de près, on y découvre des veines de pierre marbrée, des lambeaux de gazon, de mousse et de bruyère, comme une maigre charité accordée par la nature. Dans les vallées, quelques buissons épars se rencontrent autour des étangs et le long des ruisseaux. On ne voit aucun cours d'eau considérable dans ce pays de glace et de neige.

Le cap Farewell se présente à l'entrée du Groënland. C'est une île séparée du Statenhoek, ou cap des Etats, par un passage si étroit, que la mer, en se brisant contre les rochers, les détache et les entraîne dans ses tourbillons impétueux. De violentes tempêtes règnent dans ce détroit comme dans celui de Magellan, ce qui s'explique par la situation de ces deux passages, voisins l'un et l'autre des pôles opposés : arctique et antarctique.

Une haute montagne se montre par les 64° de latitude nord; elle forme trois branches pointues, dont la plus élevée se voit à soixante lieues en mer, et tient lieu de phare aux navigateurs et de baromètre aux habitants, qui savent qu'une tempête les menace dès que le sommet de cette pointe se coiffe de nuages ou de brumes légères.

Un peu plus loin, au nord, on trouve le golfe Amaradik ou Bals-Fiord; il s'avance dans les terres, au nord-est, sur une étendue de vingt-huit lieues de long, ayant une largeur de quatre lieues. Un grand nombre d'îles se montrent à son entrée. Dans les mêmes parages, on rencontre d'autres îles mieux favorisées de la nature. Elles se distinguent par une certaine apparence de vie et de fécondité. La verdure s'y montre et les oiseaux y font entendre leurs chants. La mer y est peuplée de poissons et de phoques, et les vagues y jettent en quantité des bois qu'elles déracinent sur les rivages qui en sont pourvus. C'est là que séjournent les montagnes de glace que la mer dirige vers le cap des Etats, après les avoir détachées de la côte orientale. Les vents du sud et les courants opposent à ces masses de glace une barrière infranchissable, qui les force à stationner sur ce point par la puissance des éléments conjurés.

Vers le 66° de latitude, commence le détroit de Davis, où l'Amérique fait face à la côte occidentale du Groënland. Par ce détroit on arrive à la baie de Disco, à travers une multitude de petites îles. Cette baie polaire mesure environ cent soixante lieues de tour; elle est bordée par une plaine couverte de neige. La pêche y est abondante et la meilleure de cette région. Les Groënlandais y prennent une quantité prodigieuse de phoques en hiver et de petites baleines au printemps. Les bords de la baie de Disco sont les plus peuplés de la côte et le lieu le plus fréquenté par la marine marchande du nord de l'Europe.

Les masses de glace, dont les régions polaires sont semées, offrent un aspect duquel on ne peut se faire une juste idée sans l'avoir contemplé de ses regards personnels. Mais un tel spectacle n'étant visible que pour les navigateurs intrépides qui bravent tous les dangers et les plus grands périls au profit de la science et du commerce, le reste du monde ne peut se rendre compte du terrible tableau formé par ces solitudes polaires qu'en lisant les récits fidèles qu'en ont fait ces explorateurs héroïques.

Nous priverions nos lecteurs d'une page instructive et intéressante, si nous ne leur donnions pas une esquisse rapide du spectacle terrifiant que les glaces présentent dans cette partie désolée du globe. Nous allons donc en faire une description sommaire.

Les mers qui baignent le Groënland sont presque toujours encombrées par des amas de glace qui les rendent inaccessibles à la navigation. Ces montagnes mouvantes prennent souvent l'aspect des choses que les regards rencontrent sur la terre habitée par les nations civilisées. Tantôt c'est une église, surmontée d'un clocher, se montrant dans le lointain; tantôt c'est un château qui se dresse, orné de tours et de créneaux, comme ceux du moyen-âge; d'autres fois, c'est un vaisseau qui semble cheminer à pleines voiles, avec une telle apparence de vérité que les navigateurs s'y laissent prendre. D'autres fois ces montagnes de glace représentent des îles formant des plaines, des vallons dominés par des montagnes élevant leurs cîmes à sept ou huit cents pieds au-dessus de la mer.

Après une violente tempête du printemps, ces masses de glace se mettent en mouvement, se rencontrent et s'entassent dans le détroit de Davis; là, elles se heurtent, se brisent, s'écartent, se rejoignent et se soudent les unes aux autres en cherchant à fuir par l'étroit passage où les vents et les courants impétueux les ont poussées après les avoir détachées des rivages polaires.

Il est des glaces qui se forment entre les rochers et s'y agglomèrent progressivement à un tel point, qu'elles finissent par les dominer de leurs propres cîmes. Ces glaces immobiles, prennent souvent une nuance bleue et il s'y forme des fentes, des cavités profondes sous l'action répétée des pluies, des neiges qui viennent tour à tour payer leur tribut à cette œuvre de congélation éternelle. Ces glaces permanentes sont d'une nature plus solide et plus dense que les glaces flottantes, et présentent souvent des décorations aussi capricieuses. On y voit des imitations d'arbres parfaitement dessinés ayant des branches plus ou moins développées, dont les feuilles sont figurées par des flocons de neiges. D'autres fois, ce sont des colonnades, des arcs de triomphe, des portiques, des façades percées de fenêtres régulières ; et la nuance azurée de ces montagnes de glace, imprime la même couleur aux rayons lumineux que l'astre du jour y lance constamment à une certaine époque de l'année, après avoir laisser régner les ténèbres en souveraines dans ces âpres régions, le même laps de temps qu'il met à les favoriser ensuite de sa lumière céleste.

On ne s'explique guère comment les éléments parviennent à former ces masses énormes de glace; on ne sait guère, non plus, d'où elles viennent. Elles ont généralement une si grande élévation, que la neige ne peut fondre au sommet pendant le jour, ce qui donne lieu de croire que cette neigne se forme en glace dans la nuit polaire, dont la durée prend de longues semaines quand le soleil cesse de surgir à l'horizon au cœur de l'hiver. Ces masses de glace ont parfois des cavités si profondes, que la lumière du jour y jette à peine de faibles reflets. La chaleur du soleil se fait moins sentir sur les cîmes de ces montagnes congelées qu'à la base où la terre se réchauffe un peu vers l'été; et ce changement de température mine peu à peu le pied de ces montagnes, qui finissent par s'écrouler sous leur propre poids, se brisent, se détachent et se précipitent de rocher en rocher avec un fracas épouvantable. Ces écroulements causent un tel ébranlement quand il se font dans la mer, que les vagues qu'ils soulèvent mettent en péril les navires qui sont dans le voisinage livrés à la pêche à la baleine.

Ces masses de glace sont sujettes à faire des explosions terribles provenant de l'air qui s'y trouve emprisonné en immense quantité par l'action alternative de la gelée et du dégel. Cet air cherche à se dégager de sa prison par sa propre élasticité, et il se fait là en grand ce qui se fait en petit quand l'eau congelée fait éclater un vase qui la contient. L'air contenu dans ces masses de glace s'en échappe avec une violence dont le fracas n'en cède pas à la voix du tonnerre; et il en résulte des secousses semblables à celles d'un tembloment de terre. Tout ce qui se trouve renfermé dans ces masses congelées est vomi par ces explosions foudroyantes; il en surgit du bois, des pierres, des animaux et même des hommes que les éléments en fureur ont jetés vivants dans ces sépulcres polaires. La mer jette sur les côtes du Groënland, une grande quantité de bois provenant des montagnes de glace flottantes. C'est avec cet approvisionnement de bois flotté que les Groëlandais se chauffent et construisent leurs demeures; ils en font aussi des flèches et des harpons dont il font usage pour pêcher et chasser, industrie qui répond seule aux impérieux besoins de leur existence. Le Groënland est mal pourvu d'eau potable; les hommes et les animaux y périraient de soif sans les étangs qu'on trouve çà et là, que les neiges et les pluies alimentent.

En ce triste pays, le fort de l'hiver se fait sentir en février et mars. Les pierres se fendent alors et la mer fume comme un four, surtout dans les baies. Dans cette saison terrible, les Groënlandais meurent souvent de faim, ne pouvant se livrer à la chasse, ni à la pêche pour se procurer les aliments qui leur font défaut. L'été du Groënland est un hiver des pays tempérés. On y éprouve cependant un moment de chaleur considérable quand le soleil ne cesse presque pas d'y lancer ses rayons ; le jour s'empare alors de la nuit comme la nuit s'empare du jour en hiver. La plus belle saison de ce triste pays est l'automne; mais sa durée est courte et souvent interrompue par des nuits glaciales. Le Groënland est salubre ; l'air y est pur et léger ; pour y jouir des avantages d'une longévité, il faut se vêtir chaudement, se donner une nourriture suffisante et prendre un exercice modéré ; avec ce régime salutaire à la santé, l'existence de l'homme peut aller loin dans ce pays désolé, quand l'homme y est acclimaté.

L'histoire du Groënland présente assez d'intérêt pour que nous en donnions un aperçu au lecteur. Un pays si dépourvu de séductions naturelles n'a jamais été disputé sérieusement par la rivalité des peuples civilisés; mais il a donné lieu cependant à des explorations persistantes dignes d'être esquissées dans une excursion comme celle que nous accomplissons.

Environ un siècle après la découverte de l'Islande, un seigneur Norwégien, nommé Torvald, étant exilé de son pays pour avoir tué quelqu'un en duel, se retira en Islande avec son fils Eric, surnommé le Roux. Torvald étant mort dans cette île, son fils la quitta pour tenter la découverte d'une côte qu'un autre navigateur norwégien avait aperçue au nord de l'Islande. Ses recherches ne furent pas infructueuses, car la terre s'offrit bientôt à sa vue. Il y aborda en 982, et s'établit avec ses gens dans une petite île que formait un détroit, qu'il appela de son nom, Eric-Sund, où il passa l'hiver. Au printemps il alla reconnaître la terre ferme, et l'ayant trouvée couverte de verdure, il lui donna le nom de Groënland, c'est-à-dire, Terre-Verte, dans son langage, nom qu'elle a conservé jusqu'à ce jour. Après une résidence de quelques années en ce pays, il repassa en Islande pour y prendre des colons au profit de la nouvelle contrée qu'il avait découverte. Sa démarche fut accueillie favorablement, et il s'appliqua à faire prospérer cette naissante colonie.

Quelques années après, Leif, fils d'Eric, ayant fait un voyage en Norwége, y fut reçu amicalement par le roi Olaüs Trygveson, et lui fit du Groënland le tableau enchanteur qu'on aime assez à transmettre sur son pays natal. Olaüs venait alors de se faire chrétien, et il s'empressa de saisir une si belle occasion de servir la religion qu'il venait d'embrasser, en faisant baptiser Leif pour en faire un missionnaire influent dans sa patrie polaire, où le jeune converti retourna accompagné d'un prêtre. Cette conversion de Leif fut d'abord très-mal prise par son père ; mais ce mécontentement s'apaisa peu à peu, et le père finit par imiter le fils. Avant la fin du dixième siècle, il y eut au Groënland des églises dans la ville de Garde, et la population pratiqua le culte que ses chefs observaient. Les colons reconnaissaient les rois de Norwége pour leurs souverains et leur payaient un tribut annuel, dont ils voulurent s'affranchir en 1261; mais ils furent impuissants à s'émanciper de cette redevance coloniale. Cet établissement norwégien se maintint dans des conditions plus ou moins satisfaisantes jusque vers l'an 1348, époque d'une contagion meurtrière, connue sous le nom de mort noire, dont les ravages dépeuplèrent ce triste pays. A partir de ce moment-là, on s'occupa si peu du Groënland, qu'on a plus tard fait de nombreuses tentatives pour le retrouver; ces expéditions n'ont abouti qu'à la découverte de la côte de l'ouest. On ne donne pas la cause de l'interruption des rapports du Groënland avec la Norwége, après que cette nation l'eut placé sous son protectorat chrétien. Mais il faut se reporter au temps où cette région polaire fut découverte pour comprendre les obstacles que la navigation rencontrait alors dans des mers semées d'écueils périlleux. Il est admissible aussi qu'un cataclysme ait pu bouleverser ce pays et rompre les liens qui le rattachaient à l'extrême nord de l'Europe. La découverte primitive du Groënland fut, en même temps, celle de l'Amérique, s'il en faut croire les sagas scandinaves. La tradition prétend qu'un Norwégien, du nom de Leif, partit d'Islande en 1002 pour le Groënland; et les vents l'ayant poussé dans la direction du sud, il y atterrit sur une plage qu'il appela Vinland, à cause des vignes qu'il y trouva. D'autres aventuriers scandinaves y abordèrent plus tard et y fondèrent des établissements qui disparurent presque aussitôt. Mais l'obscurité de cette tradition historique autorise trop le doute pour qu'on puisse l'accepter comme un fait bien établi. Nous aurons à revenir sur cette importante question en parcourant l'Amérique.

Ce qui ne laisse aucun doute, c'est la double découverte du Groënland. La première prise de possession de ce triste pays fut si complètement oubliée, que les Danois firent ensuite neuf ou dix voyages infructueux, jusqu'en 1674, pour retrouver cette ancienne colonie norwégienne. Les déceptions que ces tentatives répétées avaient values aux navigateurs, les firent renoncer à cette pénible et douteuse entreprise. Il était réservé à un pasteur de Nogen, en Norvège, de poursuivre cette découverte et de l'accomplir à l'aide du concours du Danemarck. Ce pasteur missionnaire se nommait Egède; il fut secondé dans ses pieux desseins par une compagnie de marchands et de citoyens notables. Le départ eut lieu le 2 mai 1721, à bord d'un navire nommé l'*Espérance*. Nous ne pouvons entrer dans les détails de cette expédition; nous dirons seulement que le voyage a été semé de péripéties, et le succès n'a été dû qu'à la persistance et au courage du pasteur Egède.

Les Groënlandais reçurent avec défiance ces nouveaux venus, et ceux-ci s'attachèrent à les rassurer sur les intentions qui les animaient. Ces sauvages chargèrent leurs devins, nommés angekok, de conjurer les dangers que les étrangers pouvaient leur infliger. Mais les angekoks avouèrent leur impuissance sur Egède, en le déclarant un devin favorisé d'un pouvoir invincible, ce qui le rendit l'objet d'une haute vénération de la part de ces sauvages pendant quelque temps. La tâche du zélé missionnaire était ardue. Ses prédications produisaient plus de contestations que de conversions. On l'accusait de mensonge en disant que les angekoks qui avaient été au ciel n'avaient jamais vu le fils de Dieu dont il parlait. Lorsque Egède leur disait que leurs angekoks étaient des imposteurs, qui n'avaient rien vu de ce qu'ils leur débitaient : « — Et vous, lui répliquaient-ils, avez-vous vu le Dieu dont vous nous parlez sans cesse? » S'il leur recommandait de prier, leur réponse était : « Nous prions, mais cela n'aboutit à rien. » S'il ajoutait qu'ils ne devaient demander à Dieu que les biens spirituels et le bonheur d'une vie future, ils répliquaient : « Nous ne la comprenons ni ne la désirons ; nous n'avons besoin que de la santé du corps et de phoques pour nourriture. »

Rien ne rebutait le pieux missionnaire. Il poursuivait sa tâche avec une persévérance sublime ; mais les résultats étaient loin d'être satisfaisants. Plus tard, il fut secondé par les frères Moraves, qui n'ont cessé depuis de poursuivre cette mission régénératrice dans cette région désolée.

En 1752, un évêque luthérien, nommé Watteville, visita le Groënland, et il parle des indigènes en leur accordant une supériorité physique sur ceux du Canada et de la Pennsylvanie, d'où il venait en se rendant chez les Groënlandais. « J'ai passé une nuit dans une des tentes de ces sauvages, dit le prélat protestant, et je les ai trouvées incomparablement mieux entendues et plus commodes que celles qu'on trouve dans les bois de la Pennsylvanie. »

Les Groënlandais, qui formaient une population d'une trentaine de mille âmes il y a un siècle, ne comptent plus aujourd'hui que quelques milliers d'individus épars dans cette triste contrée du globe. Ces sauvages sont de petite taille ; ils ont un visage large et plat, des joues rondes et charnues, mais dont les os se projettent en avant ; leurs yeux sont petits et noirs, mais sans animation ; ils ont le nez plat, la bouche petite et ronde, la lèvre inférieure plus prononcée que la supérieure. Leur teint est généralement olivâtre, leurs cheveux sont noirs, épais et longs ; la barbe manque par suite de l'habitude qu'ils ont de l'arracher ; leurs mains sont petites et potelées, et leurs épaules sont larges, chez les femmes surtout, en conséquence des fardeaux qu'elles portent dès la jeunesse, comme y sont tenues les personnes de leur sexe chez tous les sauvages du monde.

Les Groënlandais sont très-courageux ; on les voit lutter contre la fureur des vagues et la tempête dans de simples canots, et n'ayant souvent pris aucune nourriture depuis plusieurs jours. Il n'est pas rare de voir les femmes porter sur leurs épaules un renne ou une pièce de bois, faisant ainsi un trajet de trois à quatre lieues. Ces fardeaux sont le double de ceux que des Européens pourraient porter à une si longue distance.

Leur caractère est peu marqué. Leur gaîté est calme; ils sont flegmatiques et sanguins; ils sont contents du présent, peu soucieux de l'avenir et oublieux du passé. Ils trouvent un certain plaisir à se moquer des Européens, sans nier, cependant, la supériorité qu'ils ont sur eux au point de vue de l'intelligence et de l'industrie. Mais ces avantages ont un prix médiocre aux yeux de ces sauvages. Pour eux, la chasse au phoque est au-dessus de tout, parce qu'ils y trouvent des moyens d'existence. Les aliments leur suffisent, le reste n'est rien. Ce peuple inculte est simple sans bêtise et sensé sans raisonnement.

Le matin, la première chose que fait un Groënlandais, c'est d'aller sur une éminence pour y consulter le ciel et la mer, afin de savoir le temps qui se prépare; et son attitude révèle la crainte ou la confiance que lui inspire cette observation météorologique. En revenant le soir d'une pêche heureuse, il se montre alors de belle humeur ; il s'abandonne à une douce gaîté à la vue de la prospérité qu'il trouve à la poursuite de sa rude tâche de pêcheur et de chasseur. Le phoque et le poisson, le saumon particulièrement, composent la base de la nourriture des Groënlandais. Ils n'ont guère de régularité dans leurs repas ; ils ne consultent que la faim. Mais c'est le soir, au retour de la pêche, qu'ils font leur principal repas; on invite alors les voisins qui n'ont pas été heureux dans la poursuite du poisson, ou on leur envoie une part de celui qu'on a pris. L'eau est leur boisson habituelle; mais ils ne refusent jamais le vin ou les liqueurs qu'on veut bien leur donner.

Les ressources précaires dont ils disposent répondent mieux aux besoins des vêtements qu'à ceux de la nourriture. Ils s'habillent communément de peaux de phoques, ayant soin de tourner en dehors le côté le plus rude. Leurs culottes et leurs bas sont faits de la même peau. Un cuir noir, doux et préparé, compose leur chaussure; elle est retenue aux pieds par des courroies qui passent sous la plante. Les semelles débordent de deux doigts en arrière et en avant et sont un peu recourbées en dehors; elles sont très-proprement confectionnées, mais sans talons. Les gens qui trouvent de l'aisance dans le trafic, portent des capes, des culottes et des bas de laine; luxe extrême pour des sauvages d'une si pauvre région.

Les hommes portent les cheveux ras du front pour éviter d'en être incommodés dans la poursuite de leur tâche en plein air. Les femmes sont toujours plus ou moins de leur sexe en tous lieux, c'est-à-dire coquettes; celles du Groënland retroussent leurs cheveux au sommet de la tête, en composant deux boucles dont l'une forme une large touffe et l'autre une plus petite moins élevée que la première. Cet arrangement présente une certaine élégance où brillent des grains de verre. La suprême beauté du visage des Groënlandaises consiste en un tatouage effectué à l'aide d'un fil noirci par la fumée ; on le passe entre cuir et chair sous le menton, le long des joues, autour des mains et des pieds. Ce fil laisse des traces sur son passage ressemblant à de la barbe noire ; et cela est un embellissement hautement apprécié.

Les Groënlandais ont deux sortes de demeures ; pour l'hiver ils ont des maisons, et des tentes pour l'été. Leurs maisons ont une longueur variant de vingt à soixante pieds ; elles sont situées sur des élévations pour que la neige s'y trouve moins agglomérée et plus vite fondue.

C'est au voisinage de la mer que réside ce peuple de pêcheurs ; et toutes les ouvertures des maisons donnent sur la côte, objet de la principale attention de ces pauvres sauvages. Chaque demeure contient souvent plusieurs familles ; mais chaque ménage a son feu, alimenté par des lampes de pierre ollaire, ayant pour mèche une mousse fine ou parfois de l'amiante ; ces lampes éclairent et chauffent en même temps toute la maison, tout en remplissant une fonction culinaire rudimentaire comme cela suffit à des sauvages. Au-dessus de chaque lampe est une chaudière, composée aussi de pierre ollaire, suspendue au toit par quatre cordes. C'est dans cette chaudière, de forme ovale, longue d'un pied et large de six pouces, que l'on prépare les repas de chaque ménage. Les lampes ne cessent de brûler et donnent une chaleur plus uniforme que celle des poêles des pays septentrionaux et moins d'exhalaisons nuisibles. Mais fermées commes elles le sont durant de longs mois d'hiver, ces demeures contiennent des odeurs d'huile et de viande que des Européens ne sauraient supporter. Mais les Groënlandais se trouvent à merveille dans ces cabanes étroites. Ils vivent là avec une tranquillité admirable ; leur pauvreté semble leur offrir une plus grande somme de satisfaction que la richesse chez les gens civilisés. La barbarie fut le point de départ de l'humanité ; le progrès est l'objet de la mission qui lui incombe ; mais le progrès demande à être bien compris et bien pratiqué pour produire ses bienfaits éclairés et judicieux. Ce but humanitaire est loin d'être atteint par les peuples civilisés. Chez ceux-ci, les uns sont écrasés par le poids de l'opulence et les autres par le fardeau de la misère. Il n'en est pas ainsi chez les Groënlandais ; les plus fortunés ont peu de chose, mais tous jouissent du peu que chacun possède.

Pour se faire une idée du courage de ce peuple, il faut le voir aux prises avec les éléments quand il se livre à la pêche dans ses frêles canots. La chasse est aussi une rude tâche pour lui dans cette région polaire ; mais la fatigue qu'il y trouve n'est pas accompagnée des périls qui sont inhérents à la pêche maritime dans la condition où il s'y livre. Il se sert de fusils pour chasser, depuis que les Européens ont mis cette arme à sa disposition. Mais il se contente de ses pirogues pour pêcher. Le mot pirogue ne rend pas bien la forme des bateaux qui servent à faire la pêche aux Groënlandais. Ils construisent ces embarcations avec beaucoup d'adresse, sans faire usage d'instruments de précision. L'homme fait la charpente et sa femme la recouvre de cuir fraîchement préparé et ramolli ; les coutures sont calfatées avec de la vieille graisse. Lorsque cette garniture est avariée, on la raccommode avec des morceaux de la même matière. Chaque année les bateaux pêcheurs éprouvent le besoin d'être recouverts à neuf.

Les petits bateaux sont nommés kaiak. Ils ont la forme d'une navette de tisserand, et leur longueur est de dix-huit pieds sur dix-huit pouces de large au milieu, et un pied de profondeur. Il n'y a que des gens familiers avec les périls d'une existence sauvage qui puissent oser braver la fureur des flots dans une si fragile embarcation. Il faut voir les Groënlandais, vêtus de leurs habits de pêche de couleur grise, garnis de boutons blancs, voguer sur la mer dans ces frêles esquifs, bravant les plus terribles tempêtes, fendant les ondes avec l'agilité d'un marsouin. On leur confie le transport de certaines dépêches d'un point à l'autre du pays, et ils font jusqu'à vingt-cinq ou trente lieues en vingt-quatre heures en sillonnant ainsi les eaux de la mer. Si les flots l'attaquent de front et menacent de le submerger, le Groënlandais ramasse ses forces et oppose sa rame à l'impétuosité de la tempête. Aussi longtemps qu'il tient son aviron, il parvient à remonter sur les vagues qui l'engloutissent et à s'y tenir presque debout. Mais si cette arme lui échappe, c'en est fait de sa vie, si une main secourable ne vient le sauver. Il n'est pas d'Européen assez osé pour se hasarder sur un kaiak au moindre souffle de vent. Mais les Groënlandais n'arrivent à ce degré d'intrépide habileté que par des luttes incessantes contre les dangers inhérents à la terrible existence qu'ils mènent depuis le berceau jusqu'à la tombe.

Le Groënlandais n'est homme que le jour où il se montre capable de tenir son rang parmi les pêcheurs. Il endosse alors l'habit de mer et se livre au métier de toute sa vie. Le phoque est la proie principale de sa pénible tâche ; dès qu'il en aperçoit un, il tente de le surprendre à l'improviste ; il s'avance rapidement et sans bruit jusqu'à la portée de quelques brasses, tenant son harpon prêt à frapper. Si l'arme s'enfonce dans les flancs de l'animal jusqu'au bout des barbes de l'os de baleine où le fer est enchâssé, il se détache du fût qui reste flottant, et chaque fois que le phoque revient sur l'eau, il le perce avec une lance jusqu'à ce que ses forces soient épuisées. Dès qu'il est mort, on a soin de fermer ses blessures et d'arrêter la perte du sang ; on le gonfle ensuite pour le faire surnager plus aisément, attaché par une corde à la gauche du canot. Une fois arrivé à terre, l'homme ne s'occupe plus de rien; sa dignité ne lui permet pas de retirer sa pêche de l'eau. Cette besogne infime incombe à la femme, qui est là, comme chez tous les sauvages, chargée d'accomplir les plus rudes travaux.

Le mariage est pris au sérieux chez ce peuple inculte; mais ce n'est jamais avant sa vingtième année qu'un jeune homme songe à se marier. Il fait part de ses intentions matrimoniales à sa famille, en lui désignant la personne qu'il recherche, dont l'âge est généralement le même que celui de l'amoureux. Il est d'usage de respecter le choix du jeune homme dans sa famille. Il ne demande à sa future que la capacité d'une bonne ménagère; et de son côté, celle-ci ne recherche que le mérite d'un habile homme à la pêche et à la chasse. Deux vieilles femmes sont chargées de mener à bien cette délicate négociation auprès des parents de la fille. Il est entendu que le jeune homme est pétri de qualités; mais ces éloges n'empêchent pas la jeune fille de résister; la bienséance l'exige par égard pour son sexe. Ces refus ne sont pas toujours dictés par un grain de vanité, mais bien quelquefois par une répugnance insurmontable. En ce cas, elle se coupe les cheveux, après quoi, il n'est plus permis de chercher à la conquérir. Si elle cède, les deux femmes, mandatrices du jeune homme, l'entraînent chez lui de gré ou de force. Après quelques jours qu'elle a passés dans l'abattement, les cheveux en désordre, refusant toute nourriture, on la sermonne pour vaincre sa résistance, et si elle persiste, on lui oppose la violence, jusqu'aux voies de fait, pour la soumettre au joug du mariage. Mais ces procédés brutaux ne se gravent pas dans le souvenir de ce peuple; le pardon leur est assuré de la part de la femme qui les subit.

Le bonheur semble régner chez ces pauvres gens plus que chez les gens civilisés. Ils aiment passionnément leurs enfants. Les mères ne les quittent jamais; elles les ont toujours auprès d'elles dans toutes les rudes occupations qu'elles accomplissent. Elles les élèvent avec douceur et la douceur et la docilité forment le fond du caractère de ces enfants. Dès qu'ils ont la force de manier un arc, on leur en donne un pour qu'ils s'exercent à tirer au blanc avec justesse. A l'âge de dix ans, on met un kaiak à leur disposition pour qu'ils se préparent aux dangers de la mer, et arrivés à l'âge de quinze ans, ils font la pêche au phoque avec leur père. La première proie qu'ils saisissent est consacrée à un festin de famille et d'amis. Le héros de la fête est le jeune pêcheur, qui fait le récit pompeux de son premier triomphe. Il est loué et admiré de tous les convives, et la bête qu'il a prise est trouvée des plus délicieuses. Les femmes songent à trouver une compagne à un jeune homme si accompli. Mais si son début de pêcheur est malheureux, il est méprisé des hommes et condamné à vivre de la pêche des femmes, c'est-à-dire de moules, de coquillages ou de poisson sec. Jusqu'à l'âge de quatorze ans, les filles ne font que chanter, danser et bavarder. A quinze ans, elles commencent à se rendre utiles; elles font la cuisine, elles préparent les peaux, rament sur les bateaux et bâtissent les maisons.

Le trafic du Groënland se fait dans une espèce de foire, en hiver, où la nation se donne un rendez-vous général. Cette foire a lieu à la fête du soleil, et l'on s'y rend comme à un pèlerinage. On y échange les marchandises qu'on a besoin de vendre et d'acheter. La branche principale du commerce du Groënland consiste en peaux de renard et de phoque et en huile de poisson. Ces produits sont achetés par les étrangers et transportés sur les marchés des nations civilisées.

Les amusements de ces sauvages se manifestent dans quelques fêtes publiques, dont la première de toutes est celle du soleil, célébrée au solstice d'hiver en l'honneur de l'astre dont le retour annonce l'approche de la saison de la chasse et de la pêche. Ils s'assemblent et s'invitent les uns et les autres à manger ce qu'ils ont de meilleur. Ces festins étant arrosés d'eau, l'ivresse n'y participe pas. Mais on mange à se faire crever le ventre. On se met ensuite à danser pour aider le travail de la digestion. La musique se compose d'un tambour, fait en forme de raquette, que l'on tient de la main gauche tandis qu'on le frappe de la droite avec une baguette. Le ménétrier accompagne sa musique d'une chanson sur la pêche au phoque, sur les exploits maritimes de la nation, les hauts faits de ses ancêtres et sur le retour du soleil à l'horizon du Groënland. L'assemblée répond au chantre par des cris de joie et des gambades, entrecoupant les couplets de la chanson d'un refrain répété en chœur. Dans ces réunions, on se porte des défis où l'on vide des querelles par des danses et des chants. Toutes les affaires se traitent au milieu des plaisirs, et la loyauté ne s'en plaint pas. C'est le rendez-vous de l'égalité et de la liberté ; chaque père y exerce de l'autorité sur sa famille, mais personne sur l'assemblée entière.

Il règne dans ces marchés le même esprit public qui gouverne l'intérieur des maisons. Chaque demeure renferme plusieurs ménages, qui sont tous indépendants les uns des autres. Aucun chef n'y domine, aucun n'y prend d'ascendant que par la considération attachée à l'âge, à l'expérience, à la réputation acquise dans la pêche. L'homme qui possède ce mérite, reçoit, sans l'exiger, le libre hommage de toute la maison ; on lui assigne un logement au nord de la cabane, place de choix parce qu'on y est moins exposé au froid, ne s'y trouvant pas d'ouverture. On défère à ce chef l'inspection de la commune habitation pour y maintenir le bon ordre et la propreté. Si son autorité est méconnue par quelqu'un, il se contente d'avoir accompli son devoir ; mais le reste de la communauté décide que le réfractaire n'en fera pas partie l'hiver suivant, et qu'il sera fait mention de son indocilité dans les chansons de la première assemblée, si sa conduite mérite cette réprobation publique. Les Groënlandais ne sont ni avares ni envieux. L'absence du vice fait leur principale vertu. Les peuples civilisés ne peuvent en dire autant d'eux-mêmes.

Nous avons mentionné déjà le peu de succès que les missionnaires obtinrent en prêchant le christianisme à ce peuple. Le nom de Dieu ne se trouvait même pas dans sa langue. L'immortalité de l'âme n'est pas admise sans réserve par les Groënlandais. Les uns ne font à cet égard aucune différence entre les animaux et l homme ; d'autres pensent que l'âme est comme le corps, divisible, capable d'acquérir, de recouvrer ; d'autres, enfin, croient à la métempsycose. Leurs prêtres ou angekoks se donnent un pouvoir surnaturel par la pratique du sortilége. Ces angekoks sont les hommes supérieurs de ces peuplades; ils sont à la fois pretres et théologiens, casuistes, médecins, philosophes et sorciers. Mais leur puissance surnaturelle a perdu de son prestige au contact des Européens, qui fréquentent ce pays pour s'y livrer à la pêche et aux échanges commerciaux avec les indigènes.

On assure que la langue des Groënlandais n'a aucune affinité avec celles des peuples du nord, soit de l'Asie centrale, soit de l'Amérique, si on en excepte celle des Esquimaux, qui semblent être de la même race que les Groënlandais. Cette langue étant presque toute composée de syllabes, les étrangers éprouvent de grandes dificultés à l'apprendre, et ne parviennent jamais à la parler couramment. Leur poésie n'a ni rime, ni mesure ; elle se compose de courtes périodes qui se chantent en cadence.

Leur arithmétique est des plus primitives. Ils comptent jusqu'à vingt à l'aide des doigts des mains et des pieds ; mais leur langue ne va que jusqu'au nombre de cinq, qu'ils répètent quatre fois pour aller à vingt. Lorsqu'ils veulent exprimer le nombre cent, ils disent cinq hommes en faisant allusion aux dix doigts que chaque homme possède aux mains et aux pieds. Ils n'avaient aucune idée de l'écriture avant l'arrivée des Européens, parmi eux ; en voyant parler le papier, leur frayeur fut grande ; ils n'osaient porter une lettre d'un homme à un autre, ni toucher un livre, s'imaginant qu'il y avait du sortilége à faire parler le papier avec des signes noirs. Il n'en est plus de même aujourd'hui. L'art d'ecrire est grossièrement pratiqué par certains d'entre eux. Ils correspondent avec les facteurs étrangers, en traçant tant bien que mal avec du charbon, sur du parchemin ou sur du cuir, les caractères qui rendent à peu près leur pensée mercantile.

S'ils se cassent un membre, ils le tiennent étendu jusqu'à ce que la fracture se ressoude elle-même, après l'avoir entourée d'un bandage de cuir très-épais. On est étonné du peu de temps que ces fracture ainsi traitées mettent à se rejoindre, même quand elles ont produit des esquilles.

La mort donne lieu à des funérailles qui méritent d'être esquissées.

Dès qu'un Groënlandais meurt, on jette ce qui touchait sa personne, de peur d'en contracter une funeste contagion. Les gens de la même maison doivent mettre dehors tous leurs effets jusqu'au soir. Ensuite on pleure le défunt pendant une heure et l'on prépare la sépulture.

On ne sort jamais le corps par la porte de la maison, mais par la fenêtre ; et si c'est dans une tente, on fait une ouverture par derrière pour y faire passer le décédé. Une femme tourne autour de la demeure tenant à la main un morceau de bois allumé, en disant : « *Pikser-rukpok* », c'est-à-dire : Il n'y a plus rien à faire ici pour toi. Le tombeau se prépare au loin dans un endroit élevé. On met un peu de mousse au fond de la fosse, et une peau est étendue par dessus la mousse. Le corps est mis dans un linceul composé de la plus belle pelisse du défunt ; il est porté ainsi par son plus proche parent. Une fois descendu dans la tombe, on le couvre d'une peau avec un peu de gazon vert, puis on entasse par dessus de grosses pierres plates pour garantir le corps des oiseaux et des renards. On met à côté de sa tombe son kaiak, ses flèches et ses outils. Si c'est une femme, on lui laisse son couteau et ses aiguilles. On met la tête d'un chien sur le tombeau d'un enfant, parce que cet animal sait trouver son chemin partout ; son âme conduira celle d'un enfant incapable de trouver lui-même la bonne voie. Les offrandes que ce peuple fait aux morts ayant parfois été volées sans que les profanateurs aient été punis par les spectres, quelques Groënlandais s'abstiennent de faire ces présents funéraires.

Ceux qui assistent à l'enterrement retournent ensuite à la demeure du défunt pour y continuer la cérémonie. Les hommes y sont assis dans un morne silence, les coudes appuyés sur leurs genoux et la tête sur leurs mains. Les femmes se tiennent prosternées la face contre terre ; elles pleurent et sanglottent à petit bruit. Le plus proche parent fait son éloge funèbre. A chaque période, l'assemblée l'interrompt par des pleurs et des lamentations éclatantes, qui redoublent à la fin. Les gémissements des femmes paraissent d'une douleur touchante de sincérité. Mais il y a toujours lieu de douter de la sincérité d'une douleur de convenance, qui se répète pour tous ceux que la mort frappe. Ce concert de lamentations est dirigé par une pleureuse en chef ; elle entrecoupe sa douleur par quelques paroles affirmatives. Mais les hommes ne font entendre que des sanglots. Puis la cérémonie se termine par un repas composé des provisions que le défunt a laissées. Si ces aliments sont en trop grande quantité pour être mangés d'une seule fois par l'assistance, celle-ci répète ses visites de condoléance autant de fois qu'il est nécessaire pour consommer les vivres laissés par le défunt. Il arrive cependant que les visiteurs apportent encore des consolations quand il n'y a plus rien à manger ; cela dépend de l'importance de la famille du mort. En recevant ces visites persistantes, la maîtresse de la maison dit aux visiteurs : « Celui que vous cherchez n'y est plus, hélas ! il est allé très loin. » Là-dessus, les lamentations recommencent. Cela se répète pour certaines familles pendant une année. On se rend même parfois sur la tombe du défunt pour mieux affirmer ce témoignage de regret. Les Groënlandais ont le culte des morts, ce qui, du reste, est très commun chez les sauvages de tous les pays. Ils se font des blessures visibles pour mieux éterniser la douleur que leur cause la perte d'un parent ou d'un ami.

Nous allons maintenant quitter le Groënland pour nous rendre dans les possessions britanniques de l'Amérique du Nord. Cette vaste région a été le théâtre de nombreuses et héroïques explorations qui avaient pour objet la recherche d'un passage entre les deux Océans : Pacifique et Atlantique.

III

POSSESSIONS BRITANNIQUES DE L'AMÉRIQUE DU NORD

La terre ne se présente jamais plus séduisante aux regards de l'homme qu'après un séjour sur mer d'une certaine durée. Le pays le plus triste offre toujours à la vue un aspect agréable quand on chemine entre le ciel et l'eau. Mais notre petite planète perd beaucoup de ses charmes terrestres dans les régions polaires, où la nature ne se montre qu'enveloppée d'un linceul de neige et de glace, où elle reste presque éternellement sans pouvoir montrer un sourire de bonheur printanier.

Dans ces régions désolées, l'été ne règne jamais, pas même quand le soleil ne cesse de se montrer et de lancer ses rayons verticalement au milieu de sa course quotidienne. Lorsqu'en hiver, on est là, plongé dans les ténèbres par un froid implacable, on ne se douterait pas qu'il existe des contrées où la chaleur tue la végétation en la desséchant, et frappe l'homme d'épuisement par son ardeur.

Le pays dans lequel nous entrons appartient à l'Angleterre ; mais si elle n'avait pas d'autres possessions coloniales au service de sa prospérité nationale, elle serait une des plus pauvres nations de la terre, au lieu d'être une des plus riches par les immenses ressources qu'elle trouve dans son immense domaine extérieur. Sous la dénomination de *Possessions britanniques de l'Amérique du Nord*, on comprend une vaste région déserte, partant des grands lacs canadiens et se terminant à la côte nord-ouest de la baie d'Hudson. Cette baie divise cette région en deux grandes sections, dont l'une est à l'ouest et l'autre à l'est. Puis la région qui est limitée au sud par les Etats-Unis prend le nom de Nouvelle-Bretagne.

Tout le pays est coupé par des rivières, des lacs et des marais d'une étendue plus considérable peut-être que sur aucun autre point du globe. Parmi ces rivières, il en est qui se jettent dans les mers inconnues du pôle, et d'autres dans la baie d'Hudson. Le lac Esclave a plus de cent vingt lieues de long ; il est semé d'îles couvertes d'arbres rabougris comme tous les végétaux placés sous la terrible influence des températures polaires où la vie est frappée de mort. Par leur jonction, les lacs et les rivières de cette région désolée forment une nappe d'eau d'une étendue de sept à huit cents lieues de long.

En hiver, le climat de ce pays est d'une rigueur mortelle ; même à 57° de latitude, les lacs ont de la glace de huit pieds d'épaisseur. L'eau-de-vie congèle ; les rochers se fendent en faisant le bruit de l'artillerie, et les fragments sont lancés à des distances prodigieuses. La température y est très capricieuse ; elle passe souvent d'un changement à l'autre sans aucune transition. Les aurores boréales y sont fréquentes et donnent une clarté aussi brillante que la pleine lune.

Pour ce qui est de la nature du sol, on ne rencontre rien de plus stérile, ni de plus désolant sur aucun point de la terre. La neige et la glace ne disparaissent jamais complètement de ces tristes régions; et les mers qui les baignent ne sont accessibles qu'à partir de juillet jusqu'à la fin de septembre. Les navigateurs qui explorent ces parages ne peuvent, à aucune saison de l'année, se soustraire aux dangers des banquises se détachant des rivages pour flotter au large au gré des tempêtes et des courants, produits par les marées.

Le règne animal de ces régions polaires est en harmonie avec la rigidité du climat. On y trouve le buffle, le bœuf musqué, le renne, le castor, le loup, une variété de renards, le chat sauvage, une variété d'ours blancs, noirs, et bruns, le porc-épic, le rat musqué, le lièvre, une variété d'écureuils, la perdrix blanche et une quantité innombrable d'oiseaux aquatiques.

La baie d'Hudson est peu poisonneuse ; mais les lacs situés plus au nord sont largement pourvus de poisson de qualité excellente. L'esturgeon, la truite et le saumon y abondent.

Le règne végétal ne se compose que d'arbustes et de broussailles ; dans les contrées les mieux traitées de la nature, on y trouve des arbres d'une belle taille, et certains produits agricoles y peuvent réussir.

Jadis, une colonie a été fondée dans ces régions sauvages par un Anglais, lord Selkirk. A son début, cette intéressante entreprise eut à lutter contre la domination exclusive de la puissante compagnie de la baie d'Hudson ; mais ce conflit fut arrangé par les parties en cause. Le fondateur de cette petite colonie eut la satisfaction de la voir prospérer autant que le permettaient les maigres ressources naturelles du pays ; on y cultivait, avec un certain succès, le blé et les pommes de terre. Mais après la mort de lord Selkirk, son œuvre coloniale disparut sans laisser d'autres traces que le souvenir d'une entreprise courageuse.

Dans ces vastes possessions anglaises, se trouve le Labrador, formant une péninsule triangulaire, bornée à l'est, par le détroit de Davis, et au sud, par le Canada et le golfe Saint-Laurent. En 1501, Gaspard de Cortereal, navigateur portugais, après avoir reconnu l'embouchure du Saint-Laurent, suivit la côte qu'il voyait au nord, et appela cette partie de l'Amérique septentrionale, « Terra de Labrador » (terre de laboureur), parce qu'elle lui parut propre à la culture, tant il est facile de se laisser illusionner par l'aspect d'un pays vu du sein de la mer. Arrivé au cap le plus septentrional, Cortereal se crut à l'entrée d'un détroit aboutissant aux Indes. Il retourna aussitôt dans sa patrie annoncer cette importante découverte, et se remit en route avec deux navires pour s'assurer de l'existence du passage qu'il croyait avoir reconnu.

Le navire qu'il montait se perdit sans laisser de trace. L'autre bâtiment retourna en Portugal sans avoir découvert le mystérieux passage annoncé par Cortereal. Un des frères de cet intrépide navigateur partit à sa recherche et fut victime de son fraternel dévouement. Il fallut un ordre du roi pour empêcher l'aîné de la famille de se sacrifier à la piété fraternelle et à la gloire nationale.

La côte du Labrador fut ensuite explorée par tous les navigateurs qui cherchaient le passage au nord-ouest ; mais on n'y fit pas de découvertes importantes avant Henri Hudson, navigateur anglais, dont nous aurons plus loin l'occasion de parler d'une manière particulière. C'est ce marin distingué qui, en 1610, pénétra le premier dans le détroit qui relie l'Atlantique à une vaste mer intérieure portant le nom de Hudson.

Le Labrador est baigné à l'ouest et au nord par la baie et le détroit d'Hudson, à l'est par l'Atlantique, et au sud par le Canada. Le climat du Labrador est aussi rigoureux que celui des terres arctiques dont il est séparé par des mers et des détroits. Le pays est, comme nous l'avons dit déjà, stérile, montagneux, entrecoupé de lacs et de rivières sans nombre, qui déversent leurs eaux dans la baie d'Hudson ou dans le golfe Saint-Laurent. Les efforts de l'homme sont là impuissants à vaincre la stérilité du sol, dont la surface est souvent raboteuse et couverte de masses de pierres d'une grosseur prodigieuse. L'air est plus doux dans l'ntérieur que sur les côtes. Parmi les montagnes, il s'en trouve de très élevées, que séparent des vallées où se montrent des apparences de fertilité. Ces vallées sont arrosées par une série de lacs formés par la foute des neiges et les pluies. L'eau en est si froide que le poisson ne s'y plaît pas ; on n'y trouve guère que de petites truites. Mais dans les endroits où les eaux sont moins glaciales, il existe une grande variété de poissons, tels que saumon, brochet, anguille et barbeau. Les montagnes se couvrent parfois de chétifs arbrisseaux et de mousse ; des pins rabougris et tordus se montrent dans les vallées. Il y croît beaucoup de céleri sauvage et des plantes antiscorbutiques. Les terrains tourbeux de la côte se couvrent d'un gazon touffu, étant engraissés par les phoques que la mer y jette. La partie méridionale se prêterait un peu à la culture ; mais il serait difficile d'y élever du bétail, à cause des ours et des loups dont le pays est infesté.

Le détroit d'Hudson présente un des plus tristes et des plus affreux aspects qu'on puisse imaginer. Des montagnes noires et rugueuses s'élancent de chaque côté, ayant leurs sommets couverts de neiges éternelles. Puis la mer ajoute encore à la tristesse de ce tableau par les banquises dont elle est couverte. Un fort courant venant du Nord-Ouest entraîne ces montagnes de glace à sa suite, et oppose les plus grands dangers à la navigation, quand elle peut se hasarder dans ces mers périlleuses. Ce n'est que de la fin de juillet à la fin de septembre que les navires peuvent s'engager dans cet affreux détroit, mais non sans s'exposer à être broyés entre les banquises qui flottent de toutes parts au gré des courants et des vents. Les Esquimaux seuls peuvent s'élancer impunément avec intrépidité à travers ces écueils terribles dans leur frêles canots, recouverts de peau, pour aller à la chasse aux phoques ou pour aller porter secours aux navires qui sont en détresse dans le passage.

La plus célèbre production minérale du pays est le beau feldspath chatoyant, connu sous le nom de pierre du Labrador, trouvé par les frères Moraves, en naviguant sur les lacs du Kylgapied. Ses vives couleurs le firent apercevoir au fond de l'eau. Les Esquimaux vont le chercher en morceaux détachés dans les lacs et sur les bords de la mer ; car on n'a pas encore rencontré la roche qui en est formée. Il est permis de supposer que ce spath était la pierre brillante rapportée au seizième siècle, comme échantillon d'or, par Frobisher, célèbre navigateur anglais.

Les îles des côtes sont peuplées de quantités innombrables d'oiseaux aquatiques et de phoques ; celles de la partie septentrionale sont même fréquentées par les morses. Dans l'intérieur, les rennes et les castors sont très nombreux, ainsi que les renards, les loups, les volverennes et les ours particulièrement. Les ours se réunissent en grand nombre aux cataractes des rivières où se trouvent des pins, des mélèzes, des bouleaux et des aunes qui leur servent de refuge. Les ours sont très friands de poissons qu'ils attrapent avec une rare dextérité. Il en est qui poursuivent leur proie jusqu'à deux cents pas en plongeant sous les eaux. Le saumon est l'objet d'une vorace préférence de la part de ces agiles et cruels carnassiers.

L'intérieur du pays est presque impraticable pendant la courte saison d'été. On ne peut voyager qu'à pied. Il faut se munir de provisions et de ce dont on a besoin pour les préparer et les renouveler par la chasse ou la pêche.

Le trajet est semé de rivières, de lacs et d'étangs. La chaleur est insupportable dans les bois au cœur de l'été. Les pieds enfoncent dans un terrain spongieux trempé par les eaux. Des essaims de moustiques vous dévorent sans que vous puissiez vous soustraire à ce genre de supplice. En hiver, au contraire, on voyage facilement à l'aide de raquettes. Les Esquimaux, en cette saison rigoureuse, voyagent en traîneaux, ayant des rennes ou des chiens pour attelage. Ils font trois ou quatre lieues à l'heure avec cet équipage. Ces chiens sont de grande taille avec la tête du renard.

Le détroit d'Hudson a cent vingt lieues de long, et se termine par 64° à l'entrée de la baie du même nom. La baie d'Hudson est une vaste mer intérieure mesurant environ trois cents lieues du nord au sud, sur une largeur de plus de deux cents lieues en certaines parties; mais qui ne donne que trente-cinq lieues sur les points les plus étroits. A l'entrée de cette baie, on trouve l'île de la Révolution, et dans le détroit, les îles de Charles, de Salisbury, et celle de Mansfield à l'embouchure intérieure. Les Anglais y ont érigé plusieurs forts qui servent à l'exploitation du commerce qu'ils font, dans ces solitudes britanniques, avec les indigènes. L'hiver, dans la baie d'Hudson, est d'une rigueur polaire. Il commence vers la fin de septembre et ne cesse qu'en mai. En décembre, le soleil s'y couche à deux heures trois quarts et se lève à neuf heures. Dans cette froide saison, quand l'air est un peu tempéré, le gros et le petit gibier y abondent. Les rennes ou corriboux, les lièvres et les perdrix s'y montrent en prodigieuses quantités. En été, c'est la pêche qui fait la principale ressource du pays ; elle fournit diverses sortes de poissons de qualité excellente.

Les Esquimaux sont répandus dans cette immense région à partir du golfe Welcome jusqu'au détroit de Behring. Ils sont de petite taille, généralement robustes, pourvus d'assez d'embonpoint, ayant le teint basané ; ils ont la tête large, la face ronde et plate, les yeux noirs, petits et vifs, le nez plat, les lèvres épaisses, les cheveux noirs, les épaules larges et les pieds petits. Ils sont gais, vifs, subtils, rusés et fourbes. Ils ont un attachement extrême pour leurs usages. Plusieurs de ces indigènes ayant été transportés, dans leur jeunesse, aux comptoirs anglais, n'ont jamais cessé de regretter le pays natal et l'existence sauvage qu'ils y menaient. On y voit des familles habiter des cavernes creusées dans la neige. Ces excavations présentent une superficie de douze pieds carrés sur une élévation de sept pieds, et prennent la forme d'un four. La porte se compose d'un grand morceau de glace ; une lampe est chargée de chauffer et d'éclairer l'intérieur. Des peaux servent de couches aux habitants de ces tristes refuges. Une cuisine creusée aussi dans la neige, se trouve près de la principale résidence. On ne s'explique pas comment la chaleur produite par la lampe et par les émanations de tous ces corps humains, ne vient pas à bout de faire fondre ces demeures de neige.

En 1772, Cartwright amena en Angleterre quelques Esquimaux des deux sexes ; ils furent grandement surpris de tout ce qu'ils virent chez cette puissante nation, qui, de son côté, considérait avec non moins d'étonnement ces pauvres sauvages. L'année suivante, au mois de mai, Cartwright repartit pour le Labrador avec ses indigènes. Il était encore dans la Manche lorsque la petite vérole se déclara à bord de son navire. Tous ces malheureux la gagnèrent. Le bâtiment relâcha à Plymouth pour mieux combattre l'épidémie. Les malades furent l'objet des plus grands soins ; mais tous moururent, à l'exception d'une femme. Cartwright fit voile, à la suite de cette relâche humanitaire, pour le Labrador où il arriva le 13 août 1775. La nouvelle de son retour, fit accourir les trois tribus méridionales des Esquimaux, au nombre d'environ cinq cents. Il se passa une scène, alors assez touchante pour être rapportée dans notre récit.

« Je m'assis sur un rocher près du rivage, dit Cartwright, et Caouhoïck, la femme esquimause épargnée par la petite vérole, se plaça quelques pas derrière moi. Nous attendîmes ainsi ses compatriotes avec des sentiments bien différents des leurs ; car ils s'avançaient avec une joie tumultueuse pour recevoir leurs parents et leurs amis avec de grandes démonstrations d'affections. Lorsqu'en s'approchant, ils me virent seul avec Caouhoïck, leurs transports se calmèrent ; et bientôt l'inquiétude se manifesta sur leur visage. Ils nous regardèrent fixement l'un et l'autre, sans proférer une parole. Enfin, ils nous demandèrent des nouvelles des absents, ce qu'ils étaient devenus. Un signe de douleur fut ma réponse. Au même instant, ils poussèrent des hurlements épouvantables. Les femmes ramassent des pierres et s'en frappent le visage de manière à se défigurer. Une jeune fille, fort jolie, sœur de deux défunts, se fit une affreuse blessure à l'œil. En un mot, les témoignages frénétiques de leur désespoir surpassèrent tout ce que j'avais pu imaginer. J'étais moi-même si impressionné par cette scène navrante que je ne pus retenir mes larmes.

» Dès qu'ils s'aperçurent de mon émotion, ils l'attribuèrent à la crainte que j'avais de leur ressentiment. Il se fit alors un changement instantané dans leur attitude ; ils oublièrent leur propre douleur pour chercher à me rassurer par des marques de bonté. Ils se pressèrent autour de moi et me prirent les mains en me conjurant de ne pas croire qu'ils conçussent le moindre soupçon contre moi, relativement à la perte de leurs amis. Je leur racontai alors la maladie qui avait frappé les absents. Je leur montrai les traces récentes que ce mal terrible avait laissées sur le visage de Caouhoïck. Ils m'écoutèrent avec la plus grande attention, en fixant souvent les yeux sur elle, qui, elle-même, avait une attitude de tristesse silencieuse. Après ce lugubre récit, ils m'assurèrent qu'ils avaient foi entière en ma loyauté et en mes paroles ; et il me renouvelèrent les protestations d'amitié qu'ils m'avaient déjà fait entendre. Ils se rembarquèrent ensuite et allèrent camper de l'autre côté de la baie où nous étions. Pendant le reste du jour, ils firent retentir l'air de hurlements lamentables, rendus plus lugubres encore par les échos des montagnes qui nous les renvoyaient. »

Les missionnaires moraves firent, pour le Labrador, ce qu'ils faisaient pour le Groënland ; ils portèrent aux Esquimaux la parole de l'Evangile avec le zèle fraternel qu'ils montraient dans la poursuite de leur pieuse mission. Ils ont fondé chez ces sauvages les trois colonies de Nain, d'Okkak et de Hoffenthal. Lorsque ces missionnaires arrivèrent au Labrador, les indigènes avaient la coutume de tuer les orphelins et les veuves pour ne pas les exposer à mourir de faim. Les religieux commencèrent par leur enseigner les procédés utiles à l'existence dans un pays si maltraité de la nature ; c'est-à-dire ils leur fournirent de nouveaux moyens de pêcher et de chasser plus fructueusement. Ils construisirent ensuite des magasins destinés à recevoir des approvisionnements de réserve pour faire face aux besoins de tous, quand les vivres font défaut dans les moments où il est impossible de s'en procurer par la pêche ou la chasse. Un dixième de cette réserve alimentaire fut abandonné aux orphelins et aux veuves, afin de les soustraire au sort cruel que la coutume leur infligeait. On ne pouvait mieux s'y prendre pour enseigner l'amour du prochain à des sauvages; car des actes palpables de cette nature, étaient mieux compris et mieux appréciés par eux que les principes qui les commandent à la raison éclairée.

Un de ces missionnaires fait le récit intéressant des difficultés qu'ils avaient à surmonter pour obtenir les résultats qu'il poursuivait. Ces sauvages montraient un éloignement invincible pour les missionnaires. Celui que nous écoutons parler raconte que pour vaincre cette résistance, il s'est soumis à de rudes épreuves dans l'accomplissement de sa tâche. Il a demeuré seul avec eux en se conformant à leurs usages dégoûtants. Il cherchait par la voie de la douceur à acquérir de l'ascendant sur leur esprit. Des années s'écoulèrent avant qu'il osât attaquer des habitudes criminelles sanctionnées par une longue tradition. Pour excuser un meurtre, on invoquait la colère d'un premier mouvement. Le missionnaire faisait intervenir timidement le grand esprit dans la réprobation de ces crimes pour les rendre odieux, et peu à peu ses efforts agissaient sur ces peuples dans le sens de sa mission.

Le succès remporté par ce pieux ministre du ciel sur ces sauvages dépassa ses espérances. Il finit par se donner un troupeau de fidèles qui l'aimaient tous comme un père et se laissaient docilement guider par lui. A l'appui de cette assertion, il rapporte des faits nombreux. Il cite en outre, la visite d'une frégate anglaise dont la présence causa une grande frayeur à ses ouailles. Cette frégate, en revenant de croiser dans le détroit de Davis, longea la côte du Labrador et entra dans une petite baie pour y faire de l'eau et du bois. Les Esquimaux, effrayé de cette apparition, coururent vers leur bien-aimé missionnaire pour l'informer de la cause de leur terreur. Il parvint, sans peine à les rassurer, et ils retournèrent à leurs occupations. Mais grand fut l'étonnement des officiers anglais en voyant des hommes doux et simples travaillant paisiblement pour se créer des moyens d'existence, et des enfants allant à l'école avec un livre sous le bras dans le village habité par ces Esquimaux régénérés. Ce que ces officiers admiraient, était l'œuvre de trente années de soins, de patience, de privations et d'efforts incessants d'un missionnaire Morave.

Les habillements des Esquimaux se rapprochent beaucoup de ceux des Groënlandais; et cela s'explique par l'origine de ces peuples, qui sont de la même race. Les canots dont ils se servent les uns et les autres, n'offrent pas assez de différence pour qu'il soit nécessaire de parler ici de la manière dont sont construits ceux des Esquimaux. Il faut être bien familier avec cette navigation rudimentaire, pour oser lutter contre les flots en fureur avec de si frêles refuges nautiques.

Le Labrador ne représente qu'une faible partie de l'immense région de l'extrême nord du continent américain, composant les possessions anglaises désignées, comme nous l'avons dit déjà, sous le nom d'Amérique britannique, et sous celui de Nouvelle-Bretagne. Ces régions désolées comptent d'autres indigènes que les Esquimaux, et de races supérieures. Les unes et les autres ne cessent de se combattre avec acharnement, comme cela se voit généralement parmi la grande famille humaine sur tous les points du globe. Les Esquimaux ont pour ennemis implacables les Chippeways, qui, à leur tour, ont pour adversaires redoutables les Kuisteneaux.

Les Chippeways se disent issus d'un chien. Ils donnent au Créateur la forme d'un oiseau dont les yeux lancent des éclairs et la voix fait le tonnerre. Les meurtres sont rares parmi eux ; ceux qui en commettent sont abandonnés de tout le monde et condamnés à vivre isolés ; et dès qu'ils se montrent, ils sont l'objet d'une réprobation bruyante : « Voilà le meurtrier ! » crie-t-on de toutes parts sur son passage.

Les Kristeneaux sont considérés comme les plus beaux Indiens de l'Amérique du Nord. Ils habitent la région qui se trouve limitée, au Nord, par le lac des montagnes, et au Sud par les lacs du Canada ; et à l'Est, par la baie d'Hudson, et par le lac Winnipeek à l'Ouest. Ils font peu de cas de la chasteté conjugale, car ils font volontiers hommage de leurs femmes aux étrangers. Ceux qui ne s'abandonnent pas à l'ivrognerie se montrent généralement d'un bon naturel ; ils sont doux, honnêtes, généreux et hospitaliers. Ils croient que les brumes qui couvrent les marais du pays sont les esprits des morts de leur nation.

Nous l'avons fait remarquer ailleurs, cette vaste région de l'extrême Nord de l'Amérique appartient à l'Angleterre. Son étendue dépasse celle des Etats-Unis ; mais il n'y a pas de comparaison à établir entre la valeur naturelle de chacune de ces deux immenses régions du Nouveau-Monde. Car la majeure partie de ce que possède notre fière voisine d'outre-Manche est improductive et le restera toujours à cause de la rigueur du climat et de la stérilité du sol. La région supérieure de ces vastes possessions porte le nom de *Bristish América* (Amérique Britannique), et la partie inférieure est désignée sous le nom de New-Britain (Nouvelle-Bretagne). Cette Nouvelle-Bretagne est divisée en diverses colonies dont les mieux situées et les plus productives sont le Canada, la Nova Scotia et le New-Brunswick, du côté de l'Atlantique, et la New-Caledonia, du côté du Pacifique.

Cet immense pays, si voisin du pôle arctique, a été l'objet, pendant plus d'un siècle, d'explorations incessantes et d'efforts héroïques des plus célèbres navigateurs des temps modernes. Ces voyages au pôle Nord sont d'un intérêt poignant, et donnent la mesure des souffrances et des dangers que l'homme s'inflige parfois par amour pour la science et pour le bonheur de l'humanité. La liste de ces intrépides explorateurs est longue, et les noms les plus célèbres sont ceux des Frobisher, Davis, Barentz, Hudson, Baffin, Behring, Hearne, Mackensie, Ross, Parry et Franklin de récente et douloureuse mémoire, puisque jamais il n'a reparu à la suite de son dernier voyage à la recherche du périlleux passage au pôle Nord. Cette découverte s'est effectuée à force de persistance invincible, et la gloire en revient, en grande partie, au malheureux John Franklin, ayant été la conséquence des recherches répétées auxquelles la perte de ce célèbre navigateur a donné lieu. Ce résultat nautique a été obtenu par le capitaine Mac-Clure, en 1854-55, dans le cours d'une nouvelle expédition affectée à la recherche de John Franklin. La gloire de cette découverte revenait justement à un navigateur anglais, en récompense de l'intrépide persévérance que les marins de cette nation ont montrée dans cette périlleuse entreprise. Mais ce fameux passage au pôle Nord restera, après sa découverte, aussi inutile qu'avant à la navigation, à cause des dangers perpétuels et insurmontables qu'il offre par la présence des glaces qui obstruent constamment ces régions maritimes, où règne un hiver éternel et implacable. Ces obstacles invincibles étaient connus depuis longtemps des premiers explorateurs ; mais chez de tels hommes, l'amour des recherches utiles et de l'instruction ne recule devant aucun péril. Il s'agissait, avant tout, de s'assurer si l'Atlantique et le Pacifique communiquaient là par les régions polaires. C'est ce besoin de connaître la vérité en toutes choses qui donne à l'humanité des bienfaits qui grandissent sa puissance matérielle et intellectuelle de jour en jour dans une mesure incalculable.

Dans ces tentatives de recherches nautiques, ces célèbres explorateurs ont été souvent secondés avec un courage admirable par les Canadiens français, dont la modeste intrépidité est établie de longue date dans ces vastes solitudes. La fameuse Compagnie anglaise de la Baie d'Hudson n'a pas de meilleurs auxiliaires que les Canadiens dans la poursuite de son commerce de fourrure. Il n'est pas sans intérêt de fournir ici un résumé du trafic auquel se livre cette puissante compagnie dans les immenses possessions qu'elle exploite en vertu d'un privilége exclusif.

Lorsque les Européens sont arrivés dans l'Amérique du Nord, dans la région qui embrasse aujourd'hui le Nord des Etats-Unis et le Canada, les Indiens y chassaient les quadrupèdes que la nature a dotés d'un soyeux pelage, devenu si pernicieux pour le pauvre animal qui en est favorisé, par suite de la place distinguée qu'il occupe dans la toilette luxueuse des femmes du grand monde, dans la froide saison. Mais ce commerce prit un tel développement qu'il en résulta une complète destruction du précieux gibier qui l'alimentait dans les régions où la civilisation s'était implantée. Les animaux au poil soyeux ne se trouvant plus que dans les régions polaires, ce fut là qu'il fallut aller les poursuivre. C'était une chasse périlleuse que les Indiens seuls pouvaient pratiquer fructueusement, étant en harmonie avec leur genre de vie et leur adresse instinctive.

Ce fut alors que se fondèrent deux grandes compagnies anglaises pour exploiter cette industrie. Ces deux compagnies rivales finirent par fusionner pour mettre un terme à une rivalité nuisible aux intérêts communs; et il n'est resté à l'œuvre que la compagnie de la baie d'Hudson, depuis cette fusion omnipotente. Elle a son siége à Londres, et c'est de là que partent les ordres de la haute direction de cette grande entreprise. Cette compagnie fut organisée sur une base souveraine. Le gouvernement anglais lui accorda de grands privilèges. La haute direction est confiée à un gouverneur, un sous-gouverneur et à un comité de directeurs. Tous les agissements de la compagnie sont réglés et délibérés par les hommes qui en composent le sommet. Les agents secondaires sont tenus de transmettre au siége de la Société tout ce qui se fait dans l'accomplissement de la tâche collective et individuelle qui leur est confiée; rien n'échappe au contrôle de la haute direction, dont la conduite s'enveloppe dans le secret, au point que les renseignements que la Compagnie est tenue de fournir au gouvernement, sous forme de rapports écrits, sont effectués très-sommairement, ne contenant guère que les choses requises d'une manière absolue.

Cette mystérieuse organisation avait pour objet, à l'origine, de soustraire la Compagnie à la concurrence et à l'intervention du Parlement dans la conduite qu'elle tenait envers les Indiens. Ce système mystérieux a sans doute privé la science de bien des faits qu'elle aurait pu recueillir sur les indigènes de ces régions polaires et sur les vastes solitudes qu'ils fréquentaient. La compagnie est représentée, en Amérique, par un gouverneur chargé de visiter les postes des agents secondaires, de surveiller les chefs de postes, de leur donner des ordres, afin d'éclairer la haute direction sur tout ce qui se passe loin d'elle. Chaque poste possède un commandant et un commis; et autant d'employés qu'il en faut pour transporter les marchandises dans les villages indiens et en rapporter les fourrures échangées.

Une rigoureuse discipline préside à cette organisation ainsi qu'une inflexible économie. Les tribunaux étant composés de juges faisant partie du personnel de la Compagnie, il en résulte qu'elle exerce les fonctions d'un véritable gouvernement, n'étant passible que du contrôle nominal du gouvernement métropolitain. La Compagnie a des postes disséminés dans toute l'étendue de son immense territoire, qui est à la fois baigné par le Pacifique et par l'Atlantique. Le poste le plus avancé au Nord se trouve situé sur les bords de la rivière Mac Kenzie, dans le cercle arctique : il porte le nom de « Fort good Hope, » c'est-à-dire *Fort de Bonne-Espérance*. Une centaine de postes sont ainsi établis sur la possession souveraine de la Compagnie. Ils sont pourvus de bastions en bois à chaque coin et assez spacieux pour contenir trente ou quarante personnes. Le trafic que la Compagnie fait avec les Indiens étant privilégié, il en résulte pour elle une autorité presque absolue qu'elle exerce sur ces sauvages.

Chaque poste est occupé par quatre ou cinq personnes, juste le nombre nécessaire pour traiter les affaires : et ces agents vivent là en pleine sécurité sous l'égide de la puissante influence de la compagnie qu'ils représentent.

La chasse est réglementée dans toute la possession de la compagnie pour éviter une prompte et complète destruction des animaux qui font la prospérité de l'entreprise. Mais malgré cette sage mesure de préservation, le nombre de ce précieux gibier polaire ne cesse de diminuer ; et le jour viendra où ces régions glaciales n'en posséderont plus assez pour offrir une suffisante rémunération aux chasseurs. La compagnie ne s'est pas bornée à prendre soin de son gibier au soyeux pelage ; elle a fait aussi de louables efforts pour porter la civilisation chez les sauvages de son empire. Elle a établi des écoles où s'instruisent les enfants de ces peuplades, parmi lesquels se trouvent les métis issus des agents de la compagnie en résidence fixe dans les postes.

Les missionnaires trouvent tout le concours possible à la poursuite de leur mission religieuse de la part de la compagnie. Mais les priviléges exclusifs contiennent des abus qui s'imposent aux meilleures intentions. La compagnie n'ayant pas de concurrence à soutenir, elle fait la loi dans ses transactions. Elle vend ses marchandises dans son immense territoire le prix qu'elle veut, ce qui revient à dire qu'elle achète les fourrures de la même manière à ses chasseurs indigènes. D'un autre côté, il faut se demander si ces abus commerciaux qui sont la conséquence d'un privilége ne sont pas préférables aux avantages matériels que ces sauvages retireraient de la libre concurrence, qui donnait lieu jadis à des guerres incessantes, à des crimes répétés et à une démoralisation sans frein. Par sa toute-puissance, la compagnie est parvenue à réprimer ces luttes meurtrières enfantées par des vengeances traditionnelles. Elle s'est appliquée aussi à inspirer à ces sauvages l'amour du travail et du bien-être physique et moral que l'homme civilisé y trouve. On s'attache, dans la mesure du possible, à remédier à l'état de barbarie où l'ignorance les retient. Si des crimes ont parfois été commis envers ces peuplades par des chasseurs de la compagnie, ils ne sont jamais restés impunis, quand ils ont été connus, et que les coupables pouvaient être amenés devant la justice.

La règlementation de la chasse ressemble à celle qui règlemente les coupes de bois d'une vaste forêt en Europe. Le pays est divisé en districts, et les commandants des postes sont chargés d'empêcher qu'aucun animal ne soit tué hors de saison, et veillent à ce que les femelles soient épargnées au profit de la reproduction de l'espèce. Les Indiens sont tenus de se conformer à cette sage réglementation sous peine de se voir exclus des rapports d'affaires avec la compagnie.

Les hommes désignés sous le nom de *voyageurs*, composent une race à part. Ce sont des Canadiens d'origine française, ainsi que l'indique ce qualificatif de « Voyageur. » Ce sont les descendants de ceux qu'on appelait jadis « *coureurs de bois* ». Leur tâche consiste, chez la Compagnie, à transporter les marchandises et les fourrures, dans des

www.ingramcontent.com/pod-product-compliance
Ingram Content Group UK Ltd.
Pitfield, Milton Keynes, MK11 3LW, UK
UKHW020958220726
13924UKWH00002B/765

9 782019 716196